国家中等职业教育改革发展示范学校建设成果系列教材

电工综合实训

主　编　翟成宝

副主编　黄利强　要艳惠　李　毅

参　编　李占伟　何春江

主　审　杜德昌

中国铁道出版社有限公司

CHINA RAILWAY PUBLISHING HOUSE CO., LTD.

内容简介

本书采用任务驱动式教学方式，以适用企业需求为目标，并结合机电类学生就业岗位的特点而编写，充分体现了职业学校“工学结合、校企合作”的教学改革之路。本书是在学生前期已经学习相关专业理论并进行3个学期专业实训的基础上进一步实施的，重点培养学生顶岗实习和步入工作岗位时处理各种岗位实际问题的能力和方法。

本书分为设备安装、设备维护、设备维修、突发事件处理4个单元，包含14个实训工作任务，每个任务由任务描述、知识链接、制订工作方案、实施工作方案、工作评价和知识拓展等环节组成，充分体现“做中学、做中教”的教学理念，使整个教学过程实现“教、学、做”合一，便于学生完成学习任务，达到良好的教学效果。

本书适合作为中职学校自动化、电工电子、机电技术应用等专业的实训教材，也可作为电气技术人员的岗前培训教材和学习参考书。

图书在版编目（CIP）数据

电工综合实训/翟成宝主编．—北京：中国铁道出版社，2013.5（2020.7重印）

国家中等职业教育改革发展示范学校建设成果系列教材

ISBN 978-7-113-16360-0

Ⅰ.①电… Ⅱ.①翟… Ⅲ.①电工技术-中等专业学校-教材 Ⅳ.①TM

中国版本图书馆CIP数据核字（2013）第073498号

书　　名：**电工综合实训**
作　　者：翟成宝

策　　划：李中宝　陈　文
责任编辑：李中宝　彭立辉
封面设计：付　巍
封面制作：白　雪
责任印制：樊启鹏

出版发行：中国铁道出版社有限公司（100054，北京市西城区右安门西街8号）
网　　址：http://www.tdpress.com/51eds/
印　　刷：北京捷迅佳彩印刷有限公司
版　　次：2013年5月第1版　2020年7月第4次印刷
开　　本：787 mm×1 092 mm　**印张**：8　**字数**：179千
书　　号：ISBN 978-7-113-16360-0
定　　价：20.00元

编审委员会

序

PREFACE

教材建设是国家中等职业教育改革发展示范学校建设的重要内容，作为第一批国家中等职业示范学校的唐山市丰南区职业技术教育中心，成立了由职业教育课程专家、教材专家、行业专家、优秀教师和高级编辑组成的五位一体的专业教材建设专家组，开发设计了符合技术技能型人才成长规律，反映经济发展方式转型、产业结构调整升级要求的新理念、新知识、新工艺、新材料、新技能的发展改革示范教材。

职业教育承担着帮助学生构建专业理论知识体系、专业技术框架体系和相应职业活动逻辑体系的任务，而这三个体系的构建需要通过专业教材体系和专业教材内部结构得以实现，即学生的心理结构来自于教材的体系和结构。为此，这套教材的设计，依据不同课程教材在其构建知识、技术、活动三个体系中的作用，采用了不同的教材内部结构设计和编写体例。

《电工技术基础》等承担专业理论知识体系构建任务的教材，强调了专业理论知识体系的完整与系统，不强调专业理论知识的深度和难度；追求的是学生对专业理论知识整体框架的把握和应用，不追求学生只掌握某些局部内容及其深度和难度。

《电机与电气控制技术》等承担专业技术框架体系构建任务的教材，注重让学生了解这种技术的产生与演变过程，培养学生的技术创新意识；注重让学生把握这种技术的整体框架，培养学生对新技术的学习能力；注重让学生在技术应用过程中掌握这种技术的操作，培养学生的技术应用能力；注重让学生区别同种用途的其他技术的特点，培养学生职业活动过程中的技术比较与选择能力。

《焊工技能训练》等承担职业活动体系构建任务的教材，依据技术类职业活动对所从事人职业特质的要求，采用了过程驱动的方式，形成了“做中学”的各种教材的结构与体例。这对于培养从事制造业等技术技能型人才的过程导向的思维方式、行为的标准规范、准确的技术语言，特别是对尊重工艺规范和追求标准与精度价值的敏感特质的形成是十分有效的。

在每一本教材的教材目标、教材内容、教材结构、教材素材的设计和选择上，充分利用教材所承载的课程标准与国家职业资格标准、课程内容与典型职业活动、教学过程与职业活动逻辑、教材素材与职业活动案例的对接，力图去实现工学结合。因此，这套教材不但符合我国经济发展方式转变、产业结构调整升级的新形势，也符合行动导向教学方法，有利于学生职业素质和职业能力的形成。

这套由专业理论知识体系教材、技术框架体系教材和职业活动逻辑体系教材构成的专业教材体系，由课程标准与国家职业资格标准、课程内容与典型职业活动、教学过程与职业活动逻辑、教材素材与职业活动案例的对接形成的教材，不但有利于学生的就业，也为学生的升学和职业生涯的发展奠定了基础。

2013 年 3 月

前　言

FOREWORD

根据《国家中长期教育改革和发展规划纲要（2010—2020）》和《中等职业教育改革创新行动计划》，中等职业学校将成为我国为社会培养技能人才的主阵地，而中职人才往往是经验型技能人才。为此，我们与企业技术专家合作，编写了这本《电工综合实训》教材，目的是在校内模拟实训的基础上，力图从企业岗位入手，使学生通过相关任务训练，熟知企业岗位，做一名准职业人。

在本书的编写过程中，我们和钢铁、陶瓷等企业技术人员密切联系，精心筛选了企业岗位的典型工作实例，内容包括设备安装、设备维护、设备维修、突发事件处理 4 个单元，包含 14 个实训任务，每个任务由任务描述、知识链接、制订工作方案、实施工作方案、工作评价和知识拓展等环节组成，采用任务驱动模式，有利于学生学习掌握。

本书适合作为中职学校机电、电工电子、自动化等专业的实训教材，也可作为电气类技术人员处理企业各种事件的参考用书。

本书由翟成宝任主编，黄利强、要艳惠、李毅任副主编，李占伟、何春江参与编写。其中，第一单元由翟成宝、要艳惠编写，第二单元由翟成宝、何春江编写，第三单元由翟成宝、李占伟编写，第四单元由李毅、黄利强编写。全书由杜德昌主审，完成审稿并校订。

由于时间仓促，编者水平有限，书中难免出现疏漏和不妥之处，恳请读者批评指正。

编　者

2013 年 3 月

目 录

CONTENTS

第一单元

设 备 安 装

机电设备安装是企业正常运转中不可缺少的一个重要环节。在企业生产的各个环节中，大到整套设备的安装调试、小到某些机电零件的更换，都是设备正常运行的基础条件。无论是设备安装和设备维修都需要有扎实的专业技术基础。

【学习目标】

- 能熟练完成仪表开关电源的安装与更换。
- 了解UPS电源安装方法和操作方法。
- 掌握高、低压成套设备的安装步骤和日常维护。
- 掌握天车的安装及操作规程。
- 熟悉电工安全文明操作规程。

任务一 安装仪表开关电源

开关电源作为清洁、高效、节能电源，代表着稳压电源的发展方向，被广泛应用于国防、科技、工业、农业、医疗、家电、照明等领域。又因其体积小、效率高，故开关电源在工业控制仪器仪表供电中应用十分广泛。本任务以工业仪表开关电源的安装与故障检修为例，通过实际操作学习以下内容：

① 正确读取仪表开关电源数据。

② 正确选择开关电源类型。

③ 正确安装开关电源。

工作描述

小张是××钢厂仪表段的维修电工，×年×月×日轮岗值班。工作线上打来值班电话，通报生产线上有3块仪表不能正常显示，通过电工到工作线上的故障地点检查发现，是3块仪表共用的1块开关电源的电压不正常造成的，经实际测量电压偏低，特申请予以更换。

知识链接

1. 开关电源

广义地讲，采用半导体功率开关器件作为开关管，通过对开关管的高频导通和关断控制，将一种电能形态转换成为另一种电能形态的装置，称为开关转换器。以开关转换器为主要组成部分，采用闭环自动控制方式来稳定输出电压，并在电路中加入保护环节的电源，称为开关电源。

开关电源是现代电子电器和电子设备（如电视机、个人计算机、测试仪器、生物医学仪器等）的心脏和动力。我们所说的开关电源，实际是直流开关电源，如图1-1-1所示。

2. 开关电源的工作原理

开关电源的工作过程是将220 V或380 V交流电经过EMC滤波器（又名电磁兼容性滤波器）后直接整流、滤波成直流电，利用控制电路控制开关管进行高速导通和截止，将直流电转化为高频率的脉冲交流电，经开关变压器变压，产生所需要的一组或多组电压，再经整流、滤波变成所需要的直流输出电压。

3. 开关电源的内部结构

直流开关电源的内部结构如图1-1-2所示，主要由全波整流器、开关功率管V、PWM控制与驱动器、续流二极管VD、储能电感L、输出滤波电容C和采样反馈电路等组成。实际上，开关稳压电源的核心部分是一个直流变压器。

开关电源的结构中由于多是电子元件，效率高、发热量小，没有笨重的变压器和散热片，因而体积非常小。虽然开关电源具有电磁干扰等缺点，但随着电子科技的发展，现在质量较好的开关电源抗电磁干扰和屏蔽技术已经非常成熟。

图 1-1-1　直流开关电源

图 1-1-2　直流开关电源的内部结构

4. 开关电源的分类

直流开关电源的分类方式很多，如见表 1-1-1 所示。

表 1-1-1　直流开关电源的分类

分类方式	具体分类		
激励方式	他激式开关电源	自激式开关电源	
电路结构	散件式开关电源	集成电路式开关电源	
储能电感连接方式	串联型开关电源	并联型开关电源	
开关功率管电流工作方式	开关式开关电源	谐振式开关电源	
调制方式	脉宽调制型开关电源	频率调制型开关电源	混合型开关电源
工作方式	可控整流式开关电源	斩波式开关电源	隔离型开关电源
输入/输出的电压大小	升压式开关电源	降压式开关电源	输出极性反转式开关电源
功率开关类型	晶体管式开关电源	晶闸管式开关电源	
	MOSFET 型开关电源	IGBT 型开关电源	
功率开关连接方式	单端正激式开关电源	单端反激式开关电源	推挽式开关电源
	半桥式开关电源	全桥式开关电源	

5. 开关电源的性能指标

直流开关电源的技术指标包含输入特性和输出特性两部分。

（1）输入特性

① 输入电压相数：一般都是采用单相二线和三相三线，也有采用单相三线或三相四线式的。除标明供给电源的相数外，还要标明包括漏电流规格在内的输入线的使用条件，例如单相三线或三相四线中的一线和中线及供电系统的接地条件等。

② 输入电压范围：中国及欧洲的供电电压是 AC 220 V，美国是 AC 120 V，日本有 AC 100 V和 AC 200 V，变动范围一般是 ±10%，考虑配电线路和各国不同的电源情况，其改变范围多为 -15% ～ +10%，但在我国农村及边远地区，供电条件要恶劣得多，要考虑为

±20%。

③ 输入频率：工业用额定频率有50 Hz 和60 Hz 两种。开关电源对频率变动范围等特性影响不大，多为47 ～ 63 Hz。作为特殊标准，船舶及飞机等用的是400 Hz。

④ 输入电流：开关电源输入电流的最大值发生于输入电压的下限和输出电压电流的上限，因此要标明该条件下的有效输入电流。额定输入电流是指输入电压和输出电压、电流在额定条件下的电流。三相输入时各相电流会发生失衡现象，应取其平均值。

⑤ 输入冲击电流：接通电源时交流回路的最大瞬时电流值。受输入功率限制，100 W 以下为20 ～ 30 A；100 ～ 400 W 为30 ～ 50 A；400 W 以上大于50 A。

⑥ 功率因数：由于AC－DC、AC－AC 型开关电源的输入部分大多采用整流加电容滤波的方式，因此输入电流的波形为脉冲状而不是正弦波，因而其功率因数只有0. 6 左右。采用了功率因数补偿（无源或有源）后，功率因数可达0. 93 ～ 0. 99。

⑦ 效率：指额定的输出功率除以有效功率所得的数值，一般在70% ～ 90% 之间。

（2）输出特性

① 输出电压：指出现于输出端子间的电压（直流或交流）的标称值。常见的直流输出电压有3. 3 V、5 V、12 V、24 V、48 V 等。

② 输出电压可调范围：指在保证稳压精度的条件下可从外部调节输出电压的范围，一般为±5% ～ ±10% 。

③ 过冲电压：接通输入电压后，输出电压有时会超过标称的输出电压值，随后又回到标称的输出电压值，其超过标称值的电压称为过冲电压。过冲电压通常用标称输出电压的百分数表示。

④ 输出电流：指可由输出端子供给负载的电流，取其最大平均值。在多路输出的开关电源中，如有某一路输出电流增加，其他路的输出就会减小，使总的输出不会发生大的变化。

⑤ 稳压精度：又称输出电压精度，是在出现改变输出电压的因素时，输出电压的变动量或变动量除以额定输出电压的值。

⑥ 电压稳定度：满载条件下，在所有其他影响量保持不变的同时，使输入电压在最大允许变化范围内，而引起输出电压的相对变化量。

⑦ 负载稳定度：在25℃环境和额定负载下，其他影响量保持不变时，由于负载的变化，引起输出电压的相对变化量。

⑧ 复台调整率 ：对于多路输出的电源，当以3 种不同的输入电压和3 种不同的负载状态进行测试时，对于所有的输出电压所产生的影响。

⑨ 温度系数：在额定环境温度（25℃），额定输入电压和额定输出负载下测量输出电压，然后将温度调整致各个极限，在温度的各个极限值时注意电压的变化。用电压的变化值除以相应温度的变化值，两个百分数中较大的一个即为温度系数。

⑩ 纹波和噪声：纹波是出现在输出端子间的一种与输入频率和开关频率同步的成分，用峰－峰（P－P）值表示，一般在输出电压的1% 以下。

噪声是出现在输出端子间的纹波以外的一种高频噪声成分。同纹波一样，用峰－峰值表示，通常是所输出电压的2% 以下。纹波和噪声有时不能明显区别，大多数电源产品将其统一按纹波噪声处理，约为输出电压的2% 以下。实际应用中，当开关电源和电容器及负载连接时，这一数值会大幅度衰减。若电源规定的指标要求太小，就会提高电源产品的成本。

⑪ 暂态恢复时间：由于输入电压或输出负载的突然变化，引起输出电压偏离额定值，开

关电源的控制回路进行调整，经一段时间后，输出又回到额定值。这段时间，即表征开关电源的瞬态响应，通常在 30 ～ 100 ms 的数量级。

制订工作方案

由于生产线上的工作环境、开关电源使用时间的长短、内部元器件的质量和一些其他人为因素的影响，仪表用开关电源出现类似故障现象是很正常的。在本任务中，小张根据以往的工作经验和案例，结合工作现场的实际情况，制订了一套工作方案。

1. 查找事故原因

影响开关电源输出电压不正常的原因很多，如开关电源内部电压调整元件参数的变化、调整器件性能的不稳定、外部负载的变化等，都会造成开关电源输出电压不正常，致使仪表显示不正常。为此，查找事故原因十分重要，它决定下一步工作方案的制定和实施。

小张通过与工作线上电工师傅的详细交谈，并经现场实际测量，发现仪表用开关电源输出电压低，为此小张断开该开关电源与所供电的负载，试图确定是开关电源电路不良还是负载电路有故障（若断开负载电路电压输出正常，说明是负载过重；若仍不正常，说明开关电源电路有故障）。小张通过检测，发现开关电源输出电压只有 3 V 左右，由此判断出是开关电源自身的问题，于是小张制定出详细实施方案。

2. 制订实施方案

小张制作的实施方案流程图如图 1-1-3 所示。

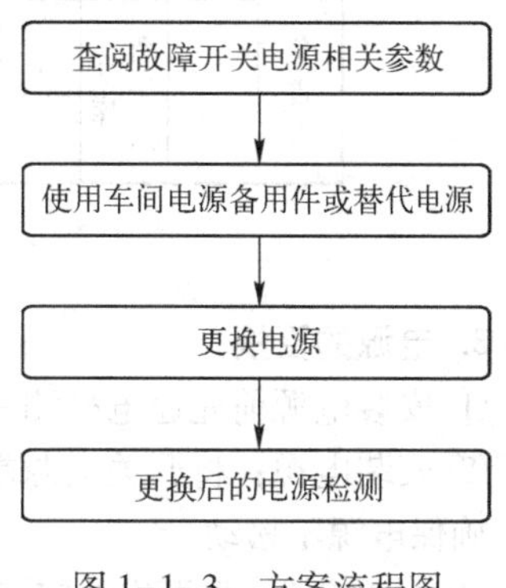

图 1-1-3　方案流程图

实施工作方案

1. 查阅故障开关电源相关参数

小张仔细观察拆卸下来的电源（见图 1-1-4），并根据开关电源的铭牌，将相关参数填入表 1-1-2。

图 1-1-4　开关电源铭牌

表 1-1-2　开关电源参数表

开关电源参数	具体内容	说　明
电源型号		
生产厂家		
额定输出电压		
输出电流		
额定功率		
电源尺寸		

2. 使用车间电源备用件或替代电源

为不影响车间正常工作，需要及时使用车间电源备用件或替代电源。如果开关电源损坏发生在白天工作时间，厂区库房有工作人员值班，可通过向值班班长申请，填写器件出库单（见图 1-1-5），支领出一块与损坏电源相同型号、参数的备用件。若事故发生在夜间厂区库房无人值班的情况下，只能选择使用替代电源。可以根据故障电源相关参数，重点依据电源电压、电源功率和电源尺寸，进行临时替代，待库房工作人员工作时再申请支领更换。

由于事故发生在白天，小张马上向值班班长申请，经值班班长同意后，到厂区库房支领相应配套电源，填写器件出库单，并将支领电源带回工作线。

出　库　单　　NO：0023671

付给＿＿＿＿＿　　年　　月　　日　　　类别＿＿＿＿＿编号

货号	品名	规格	单位	数量	单价	金额
负责人		仓库负责人		出库经手人	记账	合计

三联

记账

图 1-1-5　出库单

3. 电源的更换

① 安装电源前先通电检测一下电源输出电压是否正常，若不正常及时去库房更换。

② 安装电源：将开关电源端子输出端与连接导线对齐，紧固电源固定螺钉，检查是否牢靠，确保电源不松动。

③ 电源接线：电源安装完毕后，小张将电源引线一一对应安装，检测是否牢靠，如图1-1-6所示。

图 1-1-6　开关电源接线图

4. 更换后的电源检测

接通电源，观察仪表显示是否正常，检测电压输出是否正常，电源更换完毕，关闭控制箱，做好相应记录。

工作评价

工作评价如表 1-1-3 所示。

表 1-1-3　工作评价表

考核点	考核方式	评价标准			
		优	良	中	及　格
电源型号选择能力（25%）	教师评价+自评	能正确读取开关电源参数，正确选择电源类型并领取备用电源器件	能正确读取开关电源参数，在教师指导下正确选择电源类型并领取备用电源器件	在教师指导下能够读取开关电源参数，能够正确选择电源类型并领取备用电源器件	在教师指导下完成开关电源参数读取，进行电源类型选择并领取备用电源器件
电源安装能力（25%）	教师评价+互评+自评	能独立完成安装开关电源的任务，电源接线正确	能完成安装开关电源的任务，电源接线正确	在教师指导下能够完成安装开关电源的任务，电源接线正确	必须在教师指导下才能完成安装开关电源的任务，电源接线正确
电源检测能力（30%）	教师评价+自评+互评	测量工具使用熟练、正确；数据读取准确	能够正确使用测量工具；测量数据的读取比较准确	在教师指导下能够使用测量工具进行电源参数检测；所测数据读取比较准确	必须在教师指导下才能使用测量工具进行电源参数检测；测量数据读取较准确
综合表现（20%）	教师评价+自评	积极参与；独立操作意识强；按时完成任务；愿意帮助同学；服从指导教师的安排。有较强的安全意识	主动参与；有独立操作意识；在教师的指导下完成任务；服从指导教师的安排	能够参与；在教师经常下完成任务；服从指导教师的安排	能够参与；在教师的督促及帮助下完成任务；能服从指导教师的安排

简短评语：

____。

知识拓展

1. 工业成套开关电源

工业成套开关电源指的是用在工业领域的开关电源，一般分为民用级、工业级、军工级等，不同级别的电源，安全要求、性能要求、绝缘等级等都不一样。同一级别的电源还要考虑在什么环境下工作，要求不一样，电源的等级标准也不一样，工业开关电源要符合工业的生产要求。

2. 选择工业成套开关电源的注意事项

① 选用合适的输入电压规格。

② 选择合适的功率。

为了保障电源的使用寿命，建议选用额定输出功率裕量大于 30% 的机种。

③ 考虑负载特性。根据负载是阻性、容性还是感性的特点，合理选择电源。如果负载是电动机、灯泡或电容性负载，当开机瞬间电流较大时，应选用合适电源以免过载。如果负载是电动机，应考虑停机时电压倒灌问题。

④ 考虑电源的工作环境温度及有无额外的辅助散热设备，在过高的环温电源需减额输出。

⑤ 根据工作要求选择保护功能。开关电源的保护功能主要有过电压保护（OVP）、过温度保护（OTP）、过负载保护（OLP）等。

3. 安装工业成套开关电源的注意事项

① 安装工业成套开关电源前应检查电源的外观、铭牌等，查看有无机械外伤、参数是否符合工作要求等。

② 安装工业成套开关电源前，应通电测量开关电源的输出电压是否正常。

③ 工业成套开关电源安装时，应保证金属电源外壳一般与地（FG）连接，确保连接可靠、安全，防止将外壳接在零线上。

④ 在开关电源安装完毕且通电试行之前，应仔细检查和校对各接线端子上的连接，确信连接正确方可通电运行。

⑤ 对于大功率的开关电源，一般输出都有扩展端子，即有两个或两个以上的“+”“-”输出端子，采用内部并接的形式，实际使用时注意即可。

⑥ 开关电源安装应保证散热环境良好，应安装在空气对流条件较好的位置，或电源外壳接机箱。一般情况下，电源温度每提高 10℃电容器寿命减少一半。

⑦ 对开关电源 FG 为接地的用户，手摸外壳或输出有麻电感觉属正常现象，浮地时 FG 对大地有 110 V 左右交流电输出，这是电源内部结构决定的。

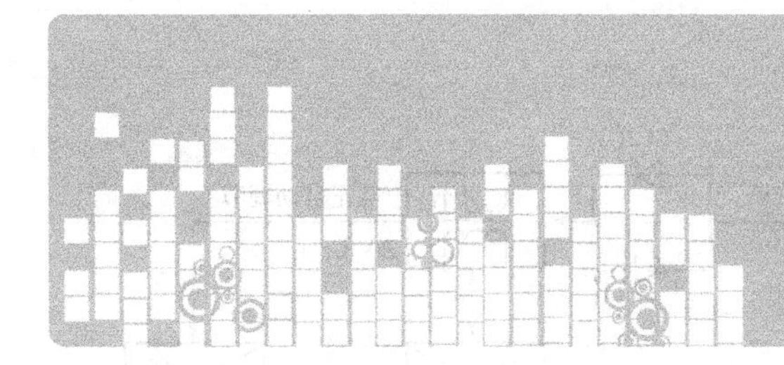

任务二

安装 UPS 电源

随着电子信息技术和自动化控制技术的高速发展，数据中心与控制中心需要良好的供电系统来保证其各种设备安全运行。为保证供电质量，要求数据中心有独立配电系统，双电源互投系统与 UPS（Uninterruptible Power Supply）组成的供电系统。UPS 作为一种重要可靠的电源，既可提供后备电源，也可改善供电质量，在供用电系统和设备运行中，起着很重要的作用。本任务以安装 UPS 电源为例，学习以下内容：

① 了解 UPS 电源及其组成。

② 掌握 UPS 电源的安装方法。

③ 掌握 UPS 电源的操作方法。

工作描述

××炼铁厂新上总控计算机服务器一台，原有 3 台 PC，为保证工厂数据系统和控制系统的安全（至少保证 2 h 供电），需重新配备 UPS 电源。

知识链接

1. UPS 的概念

UPS 是 Uninterruptible Power Supply 的缩写，俗称不间断电源，是当正常交流供电中断时，将蓄电池输出的直流电变换成交流电，进而持续供电的电源设备，如图 1-2-1 所示。它可以保障计算机系统在停电之后继续工作一段时间以使用户能够紧急存盘，不致因停电而影响工作或丢失数据。UPS 主要用于给单台计算机、计算机网络系统或其他电力电子设备提供不间断的电力供应。

图 1-2-1　山特牌 UPS

2. UPS 的作用

加装不间断电源保护有两个主要作用：一是在市电中断时，重要用电设备有正常的电源使用；二是在市电没有中断，由于电源有杂波干扰，电压忽高忽低，频率变化频繁而影响计算机正常运行，若经过 UPS，则可有稳压稳频的作用，安全可靠。

3. UPS 的结构和原理

从结构上讲，UPS 包括整流器、蓄电池、逆变器和静态开关等几部分，如图 1-2-2 所示。

从原理上来说，UPS 是一种集数字和模拟电路、自动控制逆变器与免维护贮能装置于一体的电力电子设备，如图1-2-3所示。它是一种含有储能装置、以逆变器为主要元件、稳压稳频输出的电源保护设备。

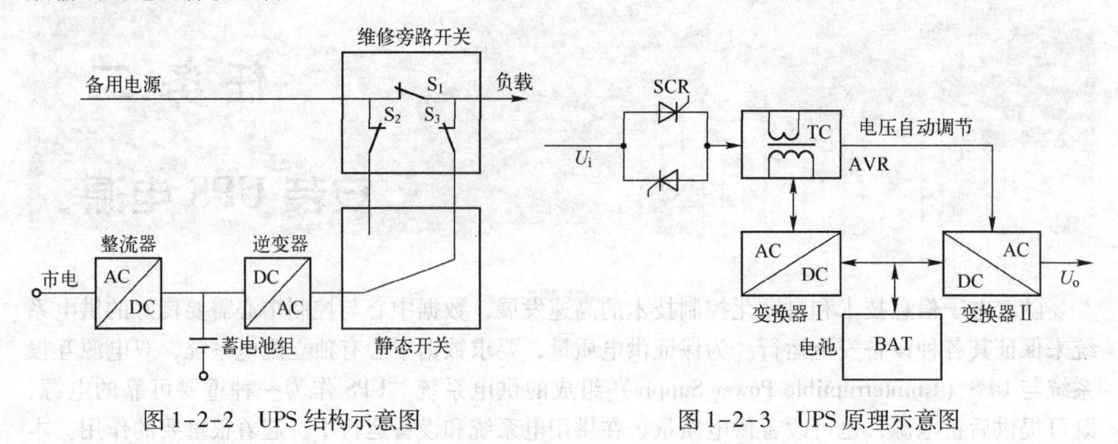

图1-2-2　UPS结构示意图　　图1-2-3　UPS原理示意图

4. UPS的分类

UPS按工作原理分成后备式、在线式与在线互动式三大类，如表1-2-1所示。

表1-2-1　UPS的分类

分类名称	具体特点	输出波形	应用场所
后备式UPS	具备自动稳压、断电保护等功能，具有结构简单、价格便宜、可靠性高等优点	逆变输出的交流电是方波	广泛应用于微机、外设、POS机等领域
在线式UPS	结构较复杂、性能完善、成本高，能够解决尖峰、浪涌、频率漂移等全部的电源问题	输出纯净正弦波交流电	应用于关键设备与网络中心等对电力要求苛刻的环境
在线互动式UPS	具有滤波功能，抗市电干扰能力很强，转换时间短，小于4 ms，价格低廉	逆变输出为模拟正弦波	适用于能配备服务器、路由器等网络设备或电力环境较恶劣的地区

5. 配备UPS的重大意义

据IDC统计，全部计算机故障的45%是由电源问题引起的；在中国，大城市停电的次数平均为0.5次/月，中等城市为2次/月，小城市或村镇为4次/月。电网至少存在9种问题：断电、雷击尖峰、浪涌、频率振荡、电压突变、电压波动、频率漂移、电压跌落、脉冲干扰，因此从改善电源质量的角度来说，给计算机配备一台UPS是十分必要的。

另外，精密的网络设备和通信设备不允许电力有间断，以服务器为核心的网络中心要配备UPS是不言而喻的，即使是一台普通计算机，其使用3个月以后的数据文件等软件价值就已经超过了硬件价值，因此为防止数据丢失十分有必要配备UPS。

制订工作方案

电工小赵接到班长的值班电话后，马上着手此事，考虑到计算机容量、电源的储备产品的质量性等问题，参照服务器和PC使用手册，结合总控计算机服务器及其他3台PC的现场情况，制订如下工作方案：

① 参照服务器和PC使用手册，计算总负荷。

② 计算UPS容量。

③ 根据手册选择UPS品牌。

④ 计算电池容量。

⑤ 购买安装UPS。

⑥ 调试验收。

实施工作方案

在整个工作方案实施过程中，安装人员充分考虑了服务器及PC的负荷、UPS的工作方式以及现场因素等。

1. 参照服务器和PC使用手册计算总负荷

在配置UPS时首先要考虑：UPS为哪些重要用电设备做电源保护，从而计算出其负荷。考虑到现在计算机和服务器的容量，一般PC取其容量为250 W，计算机常用的服务器为700 W，如果以PC作为服务器一般以300 W计算，Hub交换机为100 W。

① 3台PC：250 W × 3 = 750 W。

② 1台服务器：700 W × 1 = 700 W。

③ 1台网络交换机：100 W × 1 = 100 W。

总负荷合计：1 550 W。

2. 计算UPS容量

本任务中，考虑UPS的工作特殊性和重要性，选择UPS的工作方式为在线式。这样UPS的功率因数选为0.8，1550 W ÷ 0.8 = 1937.5 V·A，再考虑到UPS容量的冗余，一般选择20%～30%（因为UPS的最佳工作状态就是负载70%～80%），这样UPS设计容量应该为1937.5 V·A × 1.3 = 2518.75 V·A，所以选择容量为3 000 V·A的UPS。

3. 根据手册选择UPS品牌

考虑产品质量和口碑以及UPS工作方式、工作环境等因素，决定选用山特牌在线式长效型UPS。

4. 计算电池容量

经过最终考虑，选用山特在线式城堡系列C3KS型，外接电池组电压96 V DC，负载功率因数为0.8。经计算3 000 V·A × 0.8 = 2 400 W，2 400 W ÷ 96 V = 25 A，延时2 h，故为50 A·h，选择65 A·h电池，共12节，96 V ÷ 12 = 8 V，故UPS外挂12节8 V 65 A·h免维护蓄电池。

5. 购买安装UPS

① 购买山特城堡系列C3KS一台，12节8 V 65 A·h免维护蓄电池及电池架。

② 查阅UPS使用手册，进行安装。

a. 安装注意事项如表1-2-2所示。

表1-2-2 UPS安装注意事项

序号	具体内容
1	放置UPS的区域需有良好通风，远离水、可燃性气体、腐蚀剂等危险物品，安装环境应符合产品规格要求

续表

序　号	具　体　内　容
2	不宜侧放，保持前面板进风孔、后盖板出风口、箱体侧面出风孔通畅
3	机器若在低温下拆装使用，可能会有水滴凝结现象，一定要等到机器内外完全干燥后才可安装使用，否则有电击危险
4	将UPS放置在市电输入插座附近，任何紧急情况下，立即拔掉市电输入插头、断开电池输入，所有电源插座应连接保护地线

b. UPS输入接线：UPS输入接线如图1-2-4所示。电源线的连接要使用有过流保护装置的插座，注意插座容量，C3KS为16 A以上。市电输入线一端已与UPS相连，另一端接市电插座即可。

c. UPS输出接线：UPS输出接线如图1-2-5所示，采用插座输出，将负载电源线插入UPS输出插座即可，同时总输出功率不得超过2.4 kW。

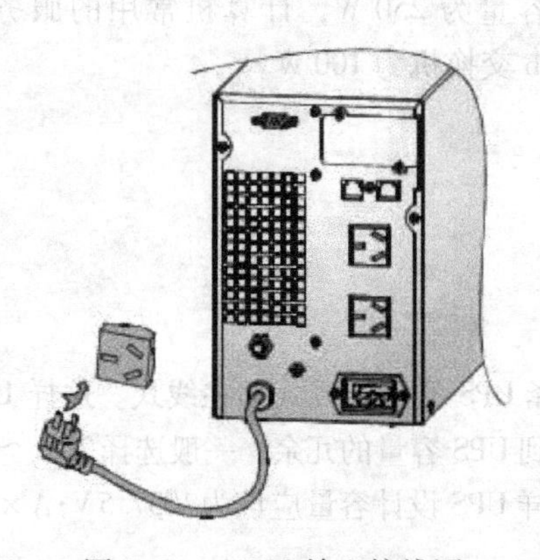

图1-2-4　UPS输入接线图

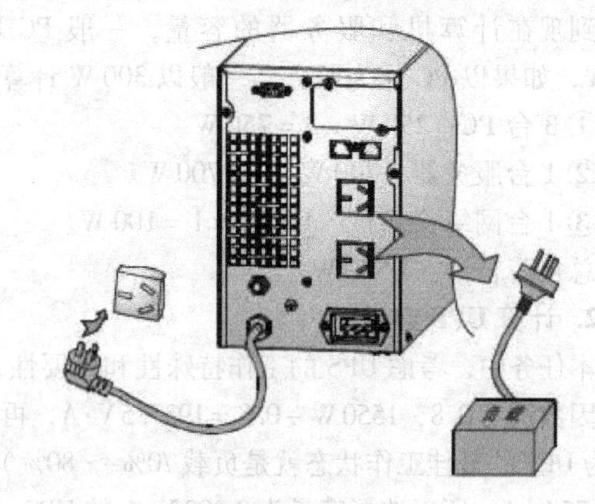

图1-2-5　UPS输出接线图

d. 长效型UPS外接电池接线。电池连接程序非常重要，若未按照程序进行，可能会有电击危险，长效型UPS外接电池接线如图1-2-6所示，需要严格按照下列步骤进行：

- 先串连电池组确保合适的电池电压为96 V DC。
- 取出长效型UPS附件中的电池连接线，该线一端为插头用以连接UPS，另一端为开放式3根线，用以连接电池组。

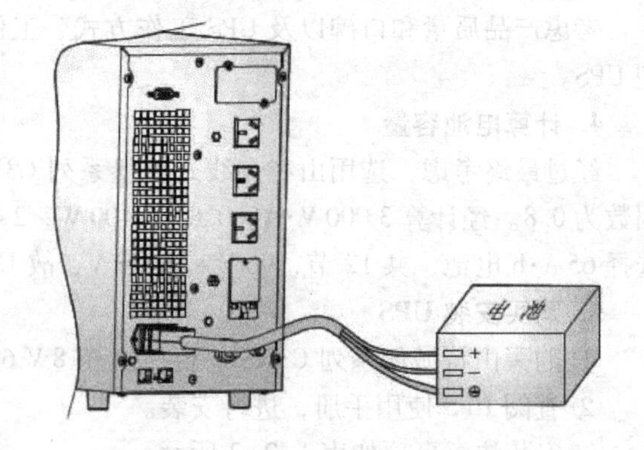

图1-2-6　长效电池连接示意图

- 电池连接线先接电池端（切不可先接UPS端，否则会有电击危险）红线接电池正极“+”，黑线接电池负极“-”，黄绿双色线接保护地。
- 将电池连接线插头插入UPS后面板上的外接电池插座，完成UPS的连接。

6. 调试验收

为使 UPS 工作正常，需要严格调试验收。操作步骤如下：

① 确定电源连接正确，然后送电到 UPS。

② 合上电池箱上的开关（确定 UPS 端子排 +、N、-与电池箱 +、N、-极一一对应)。

③ 合上 UPS 的“输入开关”（市电输入开关及旁路输入开关)，此时风扇转动进行 UPS 自检，几秒后自动进入主菜单，根据液晶显示操作，可获取 UPS 系列相关资料。

④ 开机动作（按 Esc 键退出上述界面)。进入开机界面，根据提示进行操作，供电方式切换为 UPS 供电，并显示电池参数。

⑤ 关机动作（按 Esc 键退出上述界面)。进入关机界面，根据提示进行关机操作。

⑥ 查询动作。在查询界面处按下 Enter 键，根据画面提示进行相关操作，如在“维修专线”的位置按下 Enter 键即可。

⑦ 设定动作。用户可以通过使用者密码进入设定画面，进行密码等的设置。

⑧ 山特系列 UPS 可在无市电输入状态下直流开机工作，面板相似于市电开机的画面，按照画面提示可执行直流开关机。

a. 在 UPS 旁路模式下，预先将直流开机功能开启。

b. 确认电池线与 UPS 均正确连接。

c. 合上电池开关。

d. 轻触 Enter 键，在 LCD 完成自检后 40 s 内，手动执行开机命令（LCD 完成自检后 40 s 内，若无操作会自动断电)。

本系列 UPS 具有直接并联功能，用户可根据需要在线增加新机，实现功率冗余，一般操作要求可遵循单机操作要求。首先通过 LCD 显示屏将单机设置为并机模式，然后用并机线连接各台 UPS，UPS 之间的输入和输出并联起来，依次合上 UPS 输入开关，通过任何一台单机执行开机操作，显示“开机中”，并正常切换到逆变输出。

工作评价

相关工作评价如表 1-2-3 所示。

表 1-2-3　工作评价

考核点	考核方式	评价标准			
		优	良	中	及格
对 UPS 电源基本组成的掌握情况（25%）	教师评价 + 自评	熟练掌握 UPS 电源的工作原理、组成、结构主要参数和作用；能熟练说出其应用范围和使用场所	比较熟练掌握 UPS 电源的工作原理、组成、结构和主要参数；能熟练说出其应用范围和使用场所	比较熟练掌握 UPS 电源的工作原理、组成和结构；能说出其应用范围和使用场所	在教师指导和提示下了解 UPS 电源的工作原理、组成和结构；能说出其应用范围和使用场所
UPS 电源安装接线能力（25%）	教师评价 + 互评 + 自评	能独立分析 UPS 电源外部电气接线图；并能熟练按图组装接线	能够分析 UPS 电源外部电气接线图；并能按图组装接线	在教师指导下能够分析 UPS 电源外部电气接线图；并能按图组装接线	在教师指导下能够分析 UPS 电源外部电气接线图；具备按图组装接线的初步能力

续表

考核点	考核方式	评价标准			
		优	良	中	及格
对UPS电源的操作能力（30%）	教师评价+自评+互评	非常熟悉UPS电源的使用方法和操作步骤，能够排除工作过程中可能出现的各种故障现象，有较强的安全意识	熟悉UPS电源的使用方法和操作步骤，能够排除工作过程中可能出现的基本故障现象，有一定的安全意识	熟悉UPS电源的使用方法和操作步骤，在教师指导下能够排除基本故障现象，有一定的安全意识	了解UPS电源的使用方法和操作步骤，在教师指导下能够排除工作过程中可能出现的基本故障现象，有一定的安全意识
团结协作能力及综合表现（20%）	教师评价+自评	积极参与；独立操作意识强；按时完成任务；愿意帮助同学；服从指导教师的安排	主动参与；有独立操作意识；在教师的指导下完成任务；服从指导教师的安排	能够参与；在教师指导下完成任务；服从指导教师的安排	能够参与；在教师的督促及帮助下完成任务；能服从指导教师的安排

简短评语：____。

知识拓展

1. UPS的选配

根据设备的情况、用电环境以及想达到的电源保护目的，可以选择适合的UPS，例如对内置开关电源的小功率设备一般可选用后备式UPS；在用电环境较恶劣的地方应选用在线互动式或在线式UPS；而对不允许有间断时间或时刻要求正弦波交流电的设备，就只能选用在线式UPS。

2. UPS电源正确使用与维护

① 根据保护的对象选择最合适的UPS电源。

对于存放有重要信息的普通计算机，必须确保UPS能提供小于300 V的保护电压，当市电停电时，UPS能瞬间完成后备用电源切换，使计算机在短时断电时仍能正确运行，避免数据丢失和系统停止现象。若市电电源长时间中断，UPS设备可以启动电源管理软件使计算机系统安全关闭，从而保证数据的完整性。

② 后备式UPS电源不适宜用在对电源敏感的设备上。

后备式UPS平时处于蓄电池充电状态，在停电时逆变器紧急切换到工作状态，将电池提供的直流电转变为稳定的交流电输出。由于UPS存在时间切换问题，因此不适合用在对电源敏感的设备保护上，例如一些控制精度非常高的设备。

③ 确保UPS电源相连的配电柜使用的是空气开关。

UPS的配电柜若采用老式闸刀开关，由于开关拉弧现象而对市电电网产生尖端电流干扰，污染电网；如果配电柜采用新式的空气开关，就可以充分利用开关的消弧功能来避免拉弧现象，确保电网的稳定性。另外，旧式开关采用的是熔断式熔丝，电流响应比较迟钝，一旦遇到短路或者其他特殊情况时，不能及时切断电源。

④ 不能长时间按照额定功率来运行UPS电源。

UPS如果长期满载运行可能会缩短UPS的使用寿命，正确的做法是适度控制与UPS电源的连接负载，保证 UPS 的负载不超过额定功率的 85% 。也就是说，用户可以将 UPS 控制柜后面的几个接口适当地保持空闲状态。

⑤ 保证正常的蓄电池维护。

蓄电池是 UPS 系统的重要组成部分，标准型内置电池为密封式免维护铅酸蓄电池。电池的寿命取决于环境温度和放电次数，高温下使用或深度放电都会缩短电池的使用寿命。具体注意事项如表 1-2-4 所示。

表 1-2-4　蓄电池维护注意事项

序　号	具　体　内　容
1	UPS 在同市电连接时，不管开机与否，始终向电池充电，并提供过充、过放保护功能
2	电池使用应尽量保持环境温度在 15～25℃之间
3	若长期不使用 UPS，建议每隔 3 个月充电一次
4	正常使用时，电池每 4～6 个月充、放电一次，放电至关机后充电。在高温地区使用时，电池每隔 2 个月充、放电 1 次，标准型 UPS 每次充电时间不得少于 10 h
5	电池不宜个别更换。更换时应遵守电池供应商的指示
6	正常情况下，电池使用寿命为 3～5 年，如果发现状况不佳，则必须提早更换，电池更换必须由专业人员操作

⑥ 保护服务器的 UPS 电源最好具有智能管理功能。

由于服务器在网络中的重要作用，网络中所有重要的信息全部存放在服务器中，一旦服务器产生什么异常，整个网络可能处于瘫痪状态，由此保护服务器的 UPS 电源最好具有智能管理功能。

3. 故障处理

下面以山特城堡系列 UPS 为例，当 UPS 出现异常情况时，可按表 1-2-5 进行检查及排除故障。山特城堡系列 UPS 面板结构如图 1-2-7 所示。

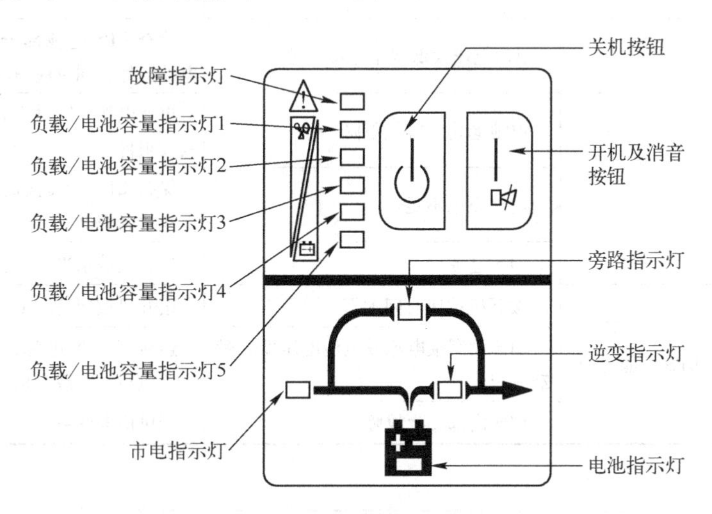

图 1-2-7　山特城堡系列 UPS 面板示意图

表 1-2-5　UPS 故障处理

故障现象	原　因	解决方法
故障指示灯与5#灯亮，蜂鸣器长鸣	UPS 因内部过热而关闭	确保 UPS 未过载，通风口没有堵塞，室内温度未过高，等待 10 min 让 UPS 冷却，然后重新启动
故障指示灯与4#灯亮，蜂鸣器长鸣	UPS 因内部故障关闭	同供应商联系
故障指示灯与3#灯亮，蜂鸣器长鸣	UPS 因内部故障关闭	同供应商联系
故障指示灯与2#灯亮，蜂鸣器长鸣	UPS 过充电保护动作	UPS 充电器故障，同供应商联系
电池指示灯闪烁	市电电压或频率超出 UPS 输入范围（开机时 UPS 每 1 s 两叫，连叫 8 声）	此时 UPS 正工作于电池模式，保存数据并关闭应用程序，确保市电处于 UPS 所允许的输入电压或频率范围
	市电零、火线接反，UPS 每 2 min 叫 1 次	重新连接使市电零、相线（火线）正确连接
故障指示灯与1#灯亮，蜂鸣器长鸣	电池模式 UPS 过载或负载设备故障	检查负载水平并移去非关键性设备，重新计算负载功率并减少连接到 UPS 的负载数量检查负载设备有否故障
故障指示灯与1#、5#灯亮，蜂鸣器每 1 s 叫 1 次	UPS 风扇未接或风扇损坏	同供应商联系
故障指示灯与1#、4#灯亮，蜂鸣器长鸣	UPS 输出短路	关掉 UPS，去掉所有负载，确认负载没有故障或内部短路，重新开机，如失败，同供应商联系
市电正常，UPS 不入市电	UPS 输入断路器断开	手动使断路器复位
故障灯亮，逆变指示灯闪烁，蜂鸣器每 1 s 叫 1 次	UPS 充电部分故障	同供应商联系
逆变指示灯闪烁	电池电压太低或未连接电池	检查 UPS 电池部分，连接好电池，若电池损坏，同供应商联系
电池放电时间短	电池老化，容量下降	更换电池，同供应商联系，以获得电池及其组件
	电池充电不足	保持 UPS 持续接通市电 10 h 以上，让电池重新充电
	UPS 过载	检查负载水平并移去非关键性设备
开机按钮按下后，UPS 不能启动	按开机按钮时间太短	按开机按钮持续 1 s 以上，启动 UPS
	UPS 没有接电池或电池电压低并带载开机	连接好 UPS 电池，若电池电压低，先行关电后再空载开机
	UPS 内部发生故障	同供应商联系

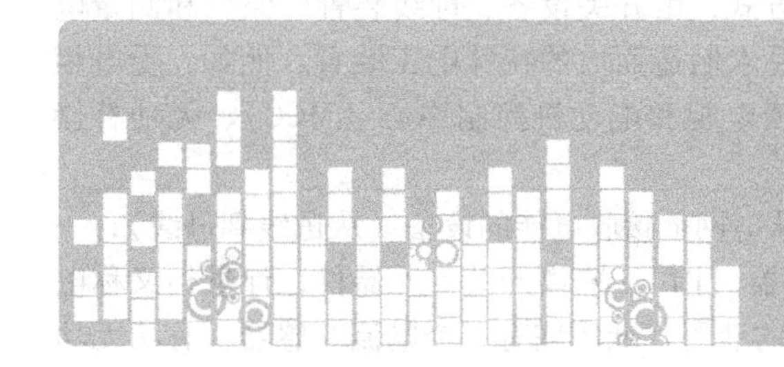

任务三 安装低压成套设备

我国电能的80%左右都是通过低压成套开关设备供出。低压成套设备泛指低压成套配电设备，是现代工业、农业、科技、居民生活等领域不可或缺的配电设施。低压成套设备运行的正常与否，对于现代企业具有十分重要的意义，而正确安装低压成套设备是其中一个关键环节。本任务以安装低压成套配电设备为例，学习以下内容：

① 掌握低压配电柜的主要设备的作用及性能。

② 学会安装配电柜。

③ 能够读懂一二次系统图。

④ 熟悉调试低压成套设备的步骤和方法。

工作描述

××钢厂连铸生产线新增板坯切割设备一套，设备绝大多数已经安装到位，但尚有一台低压配电柜还未安装，型号为GS－MNS低压抽出式开关柜，如图1-3-1所示。由于生产任务紧，设备厂家安装人员不够，经与设备厂家协商，决定由钢厂电工班组负责此项任务，要求在一天内完成安装、调试工作。

图1-3-1 GS－MNS低压抽出式开关柜

知识链接

1. 低压成套设备

在电力系统的发电、输电、变电、配电和用电的各个环节中，对电路起调节、分配、控制、保护和测量作用的各种电气设备统称为电器。

按电器的工作电压等级，可分为高压电器和低压电器两大类。我国现行标准将工作电压交流1 200 V、直流1 500 V以下的电器称为低压电器。

电器按用途或控制对象又可分为：配电电器和控制电器。配电电器的作用是正常运行时进行电能的传输和再分配，故障情况下迅速切除故障部分恢复运行。成套配电设备可分为低压成套配电设备和高压成套配电设备。低压成套开关设备就属于低压配电电器之列。低压成套开关设备，是由制造厂装配完成的、由制造厂根据用户一次接线（主接线）的要求，将各种一次电器元件、辅助回路以及连接件、绝缘支持件和辅助件等固定连接后，安装在外壳内构成的成套配电设备。

2. 低压成套开关设备的组成

通常成套配电设备根据电气主接线的接线方式，由开关设备、母线装置、保护和测量电器、必要的辅助设备等构成，是按照一定技术要求制造而成的特殊电工装置。例如，受电柜（进线柜）、计量柜、联络柜、双电源互投柜、馈电柜和电动机控制中心（MCC）、无功补偿柜等。

受电柜（进线柜）如图1-3-2所示，用来从电网上接收电能的设备（从进线到母线），一般安装了断路器、电流互感器（CT）、电压互感器（PT）、隔离开关等元器件；计量柜又称电能计量柜（见图1-3-3），是用来进行电能计量的装置。低压侧有3个电流互感器，有功无功电表各一块（有的有功电表是3块单相电表），大功率计量柜配1个锁扣式接触器（也有的是普通接触器），1个单片机组成的IC卡预付费系统。

图1-3-2 受电柜

图1-3-3 计量柜

联络柜如图1-3-4所示，一般起到联络母线的作用，通常是母线分段、联络两根母线；双电源互投柜如图1-3-5所示，用于电源互投，在一路线路停电时，通过双电源柜里的电路互投，引入另一路电源，使用电设备保持不断电。

图1-3-4 联络柜

图1-3-5 双电源互投柜

馈电柜就是送电、供电的设备；电动机控制中心（MCC）用于电动机的起停控制、位置和速度伺服控制以及电动机故障检测和诊断，如图 1-3-6 所示；无功补偿柜（见图 1-3-7）用于功率因数调节（低压要求 0.85 以上），实现无功补偿。

图 1-3-6　电动机控制中心

图 1-3-7　无功补偿柜

3. 低压成套开关设备的分类

低压成套开关设备主要有低压开关柜、配电箱等，主要按结构分类标准进行分类，如表 1-3-1所示。

表 1-3-1　低压成套开关设备分类

序　号	分　类	特　　点
1	配电柜	配电装置后面加装可开启的门，一般情况下是关闭的，所有接线端子和配电元件关闭在里面，如同衣服柜子，称为配电柜
2	配电屏	配电屏尺寸小于配电柜，正面安装设备，背面敞开，这样不利于防尘和防小动物，同时也容易发生误碰现象。因其外观像一面屏风，称为配电屏
3	配电箱	配电箱一般体积比较小，结构简单，四面封闭，用途单一，控制保护，易于维护，常采用挂装的形式。配电箱一般开关箱、照明箱、计量箱、插座箱、非标箱等，种类很多
4	配电盘	无外壳体、开放式的配电设备。配电盘一般为平面板，上面安装元件，固定在墙上、支架上或设备上，一般用于低压

制订工作方案

本任务主要是针对 MNS 型低压配电柜在炼钢厂连铸生产线的安装，属于整体性安装，安装较为方便。主要工作方案如下：

① 配电柜底座制作安装。

② 配电柜开箱。

③ 硬母线安装。

④ 柜内回路安装接线图的识读及安装布线。

⑤ 接地系统的安装。

⑥ 安装后的检查、调试与验收。

实施工作方案

低压配电柜在整个安装施工作业过程中，要注意按图施工、安装牢靠、施工有序、安全第一。

1. 配电柜底座制作安装

配电柜底座一般用型钢如角钢、槽钢等制作。由于炼钢厂连铸生产线在建设初期已经做了扩容准备，预留出相应配电柜的安装场地，并且配电柜底座槽钢基础已经做好，因此只需要参照平面布置图确定实际位置，保证配电柜安装时的平直，列柜柜体排布紧密、牢固，避免由于外力挤压造成配电柜变形进而引起抽屉抽拉机构卡死，配电柜内各小室之间绝缘损坏，造成电气事故。

2. 配电柜开箱

将现场配电柜进行开箱检查。重点查验合格证、产品说明书，并将主要检查内容填写在“设备开箱检查记录”。主要设备用断路器型号为 QF－400，厂家为正泰，隔离开关为 HR－600，CT 为400/5 0.5 s 级。

3. 配电柜的安装

将配电柜平稳吊装到基础槽钢上进行安装，注意与原有配电柜的安装距离尽可能靠近，安装方向保持一致。配电柜间用螺栓拧紧，经过找平、找正后与基础槽钢焊接在一起。盘柜要用 6 mm 的软铜线与接地干线相连，作为保护接地。盘柜安装水平度、垂直度要求的允许偏差如表 1-3-2 所示。固定底座用的底板由土建施工进行预埋，安装人员应配合或检查验收其准确性。

表 1-3-2　盘柜安装水平度、垂直度要求的允许偏差表

项目		允许误差/mm
垂直度/m		1.5
水平度	相邻两盘顶部	2.0
	成行盘顶部	5.0
不平度	相邻两盘顶部	1.0
	成行盘顶部	5.0

① 配电柜如安装在震动场所，应采取防震措施（如开防震沟、加弹性垫等）。

② 柜本体及柜内设备与各构件间连接应牢固。主控制柜、继电保护柜、自动装置柜等不宜与基础型钢焊死。

③ 单独或成列安装时，其垂直度、水平度以及柜面不平度和柜间接缝的允许偏差应在合理范围内。

④ 端子箱安装应牢固，封闭良好，安装位置应便于检查；成列安装时，应排列整齐。

⑤ 配电柜的接地应牢固良好。装有电器的可开启的柜门，应以软导线与接地的金属构架可靠地连接。

⑥ 柜内配线要按照低压配电柜系统图进行施工，如图 1-3-8 所示，所有配线整齐、清晰、美观、导线绝缘良好，无损伤，柜的导线不应有接头；每个端子板的每侧接线一般为一根，不得超过两根。

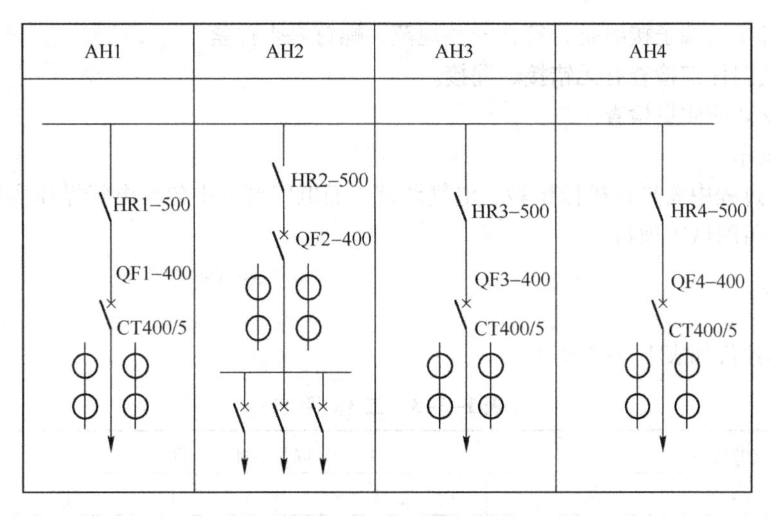

图 1-3-8　低压配电柜系统图

⑦ 柜内配线应采用截面不小于 1.5 mm 的铜芯线。

⑧ 柜内敷设的导线符合安装规范的要求，即同方向导线汇成一束捆扎，沿柜框布置导线；导线敷设应横平竖直，转弯处应成圆弧过渡的直角。

⑨ 橡胶绝缘芯线引进或引出柜内、外应外套绝缘管保护。

⑩ 配电柜安装好后，柜面油漆应完好。若有损坏，应重新喷漆。

4. 硬母线安装

（1）母线在支持绝缘子上的固定

安装母线以前，必须将母线支持架和支持绝缘子安装完毕。低压母线用低压瓷瓶或塑料支持件固定，并固定在配电柜后面的墙上。

（2）母线伸缩节

安装前检查母线伸缩节，不应有裂纹、断股和折皱，其总截面不应小于母线截面的 1.2 倍，母线伸缩节按 20 m 左右安装一个。母线铜排安装用力矩扳手，保证铜排连接紧密、保证安全距离。设备安装要牢固、安装位置便于操作维修，注意节约材料。

（3）母线的排列与刷漆

本配电柜中交流 L1、L2、L3 相的排列为由上向下，母线分相刷色结果为：L1 相黄色，L2 相绿色，L3 相红色。交流中性汇流母线不接地为紫色，接地则刷紫、黑双色条纹。

5. 柜内回路安装接线图的绘制及安装布线

本配电柜为成套设备，柜内回路线路已经接好，只需要将配电柜输入母线接好。连铸切割设备控制线路交由厂家工作人员进行连接。二次接线接头、接点连接要可靠，同时注意做防氧化处理，多股软铜线端头要用专用接头或做镀锡处理。

6. 接地系统的安装

使用 40 mm × 4 mm 镀锌扁钢从柜体基础连接至配电室 MEB 端子箱，并将镀锌扁钢与低压柜地排做可靠连接，本配电柜选取两点进行连接，以做到重复接地，保证接地系统的可靠性。

7. 安装后的检查、调试与验收

① 检查各电气设备、电器元件及配电柜的安装质量是否符合安装要求及安装规范。

② 按 U（L1）黄、V（L2）绿、W（L3）红的电源相序检查接线。

③ 检查各接线端子接线是否符合安装规范，螺钉是否拧紧。

④ 按接线图仔细检查有无错接、漏接。

⑤ 线路安装的质量检查。

⑥ 通电试车。

通电试车过程中要进行机械试验、电气调试，而电气调试中包含电气操作实验、连锁功能试验、绝缘电阻测试等项目。

工作评价

相关工作评价如表 1-3-3 所示。

表1-3-3　工 作 评 价

考核点	建议考核方式	评价标准			
		优	良	中	及格
配电柜是否安装到位、安装是否牢靠、合理（20%）	教师评价＋自评	配电柜安装科学、合理到位，安装非常牢靠，柜间距离、安装方向正确	配电柜安装比较合理到位，安装牢靠，柜间距离、安装方向正确	配电柜安装比较合理到位，安装较为牢靠，柜间距离、安装方向比较正确	能够将配电柜安装到位，安装相对牢靠，柜间距离、安装方向较为正确
是否查验配电柜资料，硬母线安装是否正确（25%）	教师评价＋自评	正确查验配电柜资料，能够正确安装硬母线	能够正确查验配电柜资料，能够正确安装硬母线	能够查验配电柜资料，能够较为正确安装硬母线	能够查验配电柜资料，在他人帮助下能够安装硬母线
柜内回路安装接线图的识读及安装布线，接地系统的安装（20%）	教师评价＋互评	准确识读柜内回路安装接线图，正确安装接地系统	比较准确识读柜内回路安装接线图，接地系统安装正确	能够识读柜内回路安装接线图，能够正确安装接地系统	在他人帮助下能够识读柜内回路安装接线图，接地系统安装能够完成
熟悉设备所谓安装及调试（20%）	教师评价＋自评＋互评	非常熟悉设备安装调试步骤，操作规范，工艺优良；有较强的安全意识并能够进行安装及调试	比较熟悉设备安装调试步骤，操作规范，工艺优秀；有较强的安全意识并能够进行安装及调试	能够较为熟练进行设备安装调试，操作正确，工艺较好；有较强的安全意识	能对设备安装调试，工艺一般；安全意识不强
实训综合表现（15%）	教师评价＋自评	积极参与；独立操作意识强；按时完成任务；愿意帮助同学；服从指导教师的安排	主动参与；有独立操作意识；在教师的指导下完成任务；服从指导教师的安排	能够参与；在教师指导下完成任务；服从指导教师的安排	能够参与；在教师的督促及帮助下完成任务；能服从指导教师的安排

简短评语：

____。

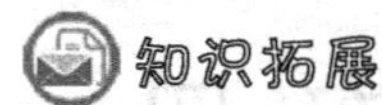

1. 低压成套设备安装从业知识

① 从业人员应该了解的产品的结构、形式、用途。

② 熟悉产品的性能、内部的结构、主要的技术参数。

③ 读懂系统图（一次方案图）、平面布置图、原理图、二次接线安装图。

④ 按图纸生产、按工艺生产、按技术规范生产。

⑤ 质量管理方面“五不”：

a. 材料不合格不投料。

b. 上道工序不合格不流入下道工序。

c. 零件、元器件不合格不装配。

d. 装配不合格不检验。

e. 检验不合格不出厂。

2. 配线工的基本工艺要求

成套配电设备的二次配线质量的好坏，对电力系统的安全稳定起着举足轻重的作用，即使一个接线头接触不良都可能导致控制失灵，保护拒动，造成严重的后果。配线是配电柜安装工作的技术和艺术的综合体现，要求每个配线工人不仅要熟练掌握配线技术，而且还要加强工艺修养，保证做到不错线、不错号，按照工艺要求做到配线艺术美观、整齐，既合理又节约用量。单根线的打圈、内径与接线螺钉要匹配，并按顺时针方向。多芯线的做法，根据接线柱的外径选用匹配的线鼻，用专用工具做好紧固措施，每个接线柱的接头不能多于2只。在日常的配线中，选配的二次线径：电压回路1.5 mm，电流回路2.5 mm，电压互感器2.5 mm。

3. 低压成套设备巡视检查

为了保证对用电场所的正常供电，对配电柜上的仪表和电器应经常进行检查和维护，并做好记录，以便随时分析运行及用电情况，及时发现问题和消除隐患。

对运行中的低压配电柜，通常应检查以下内容：

① 配电柜及电气元件的名称、标志、编号等是否清楚、正确；盘上所有的操作把手、按钮和按键的位置是否与实际相符；固定是否牢靠，操作是否灵活。

② 配电柜上表示“合”“分”等信号灯和其他信号指示是否正确。

③ 隔离开关、断路器、熔断器和互感器等的触点是否牢靠，有无过热、变色现象。

④ 二次回路导线的绝缘是否破损、老化。

⑤ 配电柜上标有操作模拟板时，模拟板与现场电气设备的运行状态是否对应。

⑥ 仪表或表盘玻璃是否松动，仪表指示是否正确。

⑦ 配电室内的照明灯具是否完好，照度是否明亮均匀，观察仪表时有无眩光。

⑧ 巡视检查中发现的问题应及时处理，并记录。

高压成套设备性能优越，是非常重要的输配电设备，尤其是高压电动机、高压变频器的使用，越来越成为工矿企业生产设备配电、控制的首选。本任务通过高压成套配电设备的制作、安装，二次配线的工艺流程的详细描述，学习以下内容：

① 了解高压成套设备的基本知识，读懂一次系统图和接线图。

② 学会高压开关柜的安装方法。

③ 学会高压配电柜的日常维护。

工作描述

××钢厂轧钢车间，在1号轧机启动过程中，开关柜掉闸，同时，冲击电网造成该线路供电的××变电站10 kV 512线路出线掉闸，事故发生后，检查配电室，发现1号轧机馈线柜保护未动作，进线柜掉闸。经检查，进线柜手车室损坏，造成无法供电，需要进行更换。

知识链接

1. 高压成套设备

高压成套设备（高压配电柜）是指在电压3 kV及以上，频率50 Hz及以下的电力系统中运行的户内和户外交流开关设备，如图1-4-1所示。它主要用于电力系统（包括发电厂、变电站、输配电线路和工矿企业等用户）的控制和保护，既可根据电网运行需要，将一部分电力设备或线路投入或退出运行，也可在电力设备或线路发生故障时，将故障部分从电网快速切除，从而保证电网中无故障部分的正常运行及设备、运行维修人员的安全。

图1-4-1　高压配电柜

2. 高压成套设备的组成

高压成套设备的电压等级在3.6～550 kV之间，主要包括高压断路器、高压隔离开关与接地开关、高压负荷开关、高压自动重合与分段器、高压操作机构、高压防爆配电装置和高压开关（配电）柜等几大类。其中，高压开关（配电）柜的内部结构如图1-4-2所示，由柜体和断路器两大部分组成，柜体由壳体、电器元件（包括绝缘件）、各种机构、二次端子及连线等组成。柜内常用一次电器元件有电流互感器（CT）、电压互感器（PT）、接地开关、避雷器（阻容吸收器）、隔离开关、高压断路器、高压接触器、高压熔断器、变压器、高压带电显示器、绝缘件、主母线和分支母线、高压电抗器、负荷开关、高压单相并联电容器等；柜内常用的主要二次元件又称二次设备或辅助设备，是指对一次设备进行监察、控制、测量、调整和保护的低压设备，主要有继电器、电度表、电流表、电压表、功率表、功率因数表、频率表、熔断器、空气开关、转换开关、信号灯、电阻、按钮、微机综合保护装置等。

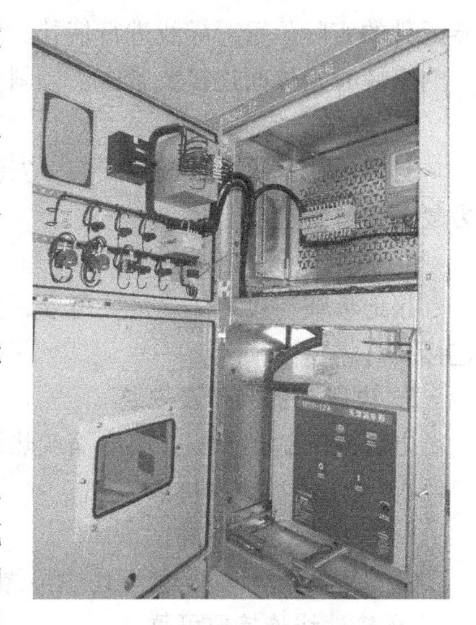

图 1-4-2　高压开关（配电）柜内部结构

3. 高压配电柜的作用

高压配电柜用于电力系统发电、输电、配电、电能转换和消耗中起通断、控制或保护等作用。

4. 高压配电柜的分类

根据用途可以分为进线柜、PT 柜（电压互感器柜）、计量柜（电流互感器柜或 CT 柜）、出线柜（变压器柜或联络柜）、电容补偿柜。根据安装形式可分为：固定式和抽屉式（手车式）两种。为了便于维护及发展需要，现在大多数使用的是抽屉式（手车式）。

制订工作方案

1. 事故查找和原因分析

工作人员到达现场，分析该事故是进线柜手车室内断路器损坏造成，原因不排除器件老化、质量不佳等。

2. 工作方案

① 接地网、电缆沟的制作。

② 柜体的组装。

③ 母线的安装。

④ 接地设备的安装。

⑤ 电缆的安装。

⑥ 调试及试验。

实施工作方案

1. 接地网、电缆沟的制作

预先铺设接地网，接地电阻应达到设计要求，接地体一般采用镀锌扁钢和角钢制作，接地电阻值应小于 4 Ω，连接可靠，连接点应做好防腐处理。

电缆沟的宽度和深度应符合图纸要求，长度在 6 ～ 10 m 之间设 2 个集水坑，10 m 以上设 3 个集水坑；电缆沟出入配电室部分封堵严密，禁止蛇、鼠类小动物通过；做好防水措施。

2. 柜体的组装

（1）设备安装

根据一次图纸检查柜体尺寸、全部电器元件型号规格是否相符，并按要求安装各种设备。

（2）二次回路配线

阅读图纸，所用导线是否符合电气设备容量要求，准备按需要数量的安装零件如缠绕管、扎带、紧固件等，熟悉并严格遵守二次配线工艺守则，按二次原理图正确接线，并根据各种电器元件的实际位置对导线进行捆扎、固定等处理。

安装时柜体间连接要紧密，倾斜角度不超过允许值的 1%。

3. 母线安装

打开母线室顶盖板进行安装，安装后紧固顶盖板，母线搭接面应平整，连接牢固并涂上电力复合脂。

4. 接地设备的安装

接地母线与接地体连接要可靠，保证接地电阻值小于 4 Ω，避雷器、接地隔离开关与地线连接要可靠。

5. 电缆头的制作及安装

电缆头的制作一般采用冷缩或热缩电缆头，施工过程中应注意以下几点：

① 制作过程要保持清洁。

② 关键尺寸要精准。

③ 剥离半导层时严禁损伤主绝缘。

④ 接地线连接要可靠。

⑤ 做好密封及相序区别。

电缆的安装应注意以下几点：

① 接线端子与设备的连接应牢固，电气接触面要平整，并涂上电力复合脂。

② 接地线与接地网连接应可靠。

③ 电缆隔板应做好防火封堵。

④ 电缆在电缆沟内应悬挂固定，禁止相互叠压。

6. 调试及试验

设备组装完毕后需进行不带电调试，即母线不带电，调试开关动作、各种机构配合、保护系统及闭锁机构是否工作正常。

调试完毕后应做交接试验，试验项目如下：

① 接地电阻测试。

② 绝缘电阻测试。

③ 耐压测试。

工作评价

相关工作评价如表 1-4-1 所示。

表 1-4-1 工 作 评 价

考核点	建议考核方式	评价标准			
		优	良	中	及格
是否读懂系统图和接线图，了解柜体的组装过程(25%)	教师评价+自评	能够判断图纸正误。熟悉高压成套配电设备的种类和功能，正确分析并熟练识读系统图和接线图，掌握柜体的组装过程	能够分析图纸。熟悉高压成套配电设备的种类和功能，熟练识读系统图和接线图，掌握柜体的组装过程	能够读懂图纸。了解高压成套配电设备的种类和功能，读懂系统图和接线图，掌握柜体的组装过程	了解高压成套配电设备功能，读懂系统图和接线图，基本掌握柜体的组装过程

续表

考核点	建议考核方式	评价标准			
		优	良	中	及格
是否掌握高压开关柜的安装步骤（25%）	教师评价＋互评＋自评	熟练掌握高压开关柜的安装步骤，做到组织指导安装	掌握高压开关柜的安装步骤，能够独立进行安装	在教师指导下掌握高压开关柜的安装步骤，能够讲解如何进行安装	在教师指导下掌握高压开关柜的安装步骤
是否掌握安装过程中关键环节的操作（30%）	教师评价＋自评＋互评	能够熟悉电器设备性能；熟练掌握各设备的工作原理；清楚元件的定位尺寸；能够熟练指导安装	了解电器设备性能；掌握各设备的工作原理；清楚元件的定位尺寸；能够独立安装	了解各设备的工作原理及元件的定位尺寸；能够参与安装	了解各设备的工作原理及元件的定位尺寸；能够在指导下安装
实训综合表现（20%）	教师评价＋自评	积极参与；独立操作意识强；按时完成任务；愿意帮助同学；服从指导教师的安排	主动参与；有独立操作意识；在教师的指导下完成任务；服从指导教师的安排	能够参与；在教师经常下完成任务；服从指导教师的安排	能够参与；在教师的督促及帮助下完成任务；能服从指导教师的安排

简短评语：

____。

知识拓展

1. 高压成套配电装置的概念

高压成套配电装置又称高压开关柜，是按不同用途和使用场合，将所需一、二次设备按一定的线路方案组装而成的一种成套配电设备，用于供配电系统中的馈电、受电及配电的控制、监测和保护，主要安装高压开关电器、保护设备、监测仪表和母线、绝缘子等。

2. 高压开关柜的分类

按主要设备安装方式分为：固定式、手车式和混合式。手车式开关柜其断路器等主要电气设备可拉出柜外检修，推入备用手车后可继续供电，安全方便，停电时间短。

3. 高压开关柜的“五防”功能

防止误分、误合断路器；防止带负荷分、合隔离开关；防止带电挂接地线或合接地隔离开关；防止带地线或接地开关合闸；防止误入带电间隔。

4. 高压开关柜的结构

高压开关柜的结构有母线室、仪表室、断路器室、电缆室等。

5. 高压配电柜操作程序

（1）送电操作

① 先装好后封板，再关好前下门。

② 操作接地开关主轴并且使之分闸。

③ 用转运车（平台车）将手车（处于分闸状态）推入柜内（试验位置）。

④ 把二次插头插到静插座上（试验位置指示器亮）。

⑤ 关好前中门。

⑥ 用手柄将手车从试验位置（分闸状态）推入到工作位置（工作位置指示器亮，试验位置指示器灭）。

⑦ 合闸断路器手车。

（2）停电（检修）操作

① 将断路器手车分闸。

② 用手柄将手车从工作位置（分闸状态）退出到试验位置，工作位置指示器灭，试验位置指示器亮。

③ 打开前中门。

④ 把二次插头拔出静插座，试验位置指示器灭。

⑤ 用转运车将手车（处于分闸状态）退出柜外。

⑥ 操作接地开关主轴并且使之合闸。

⑦ 打开后封板和前下门。

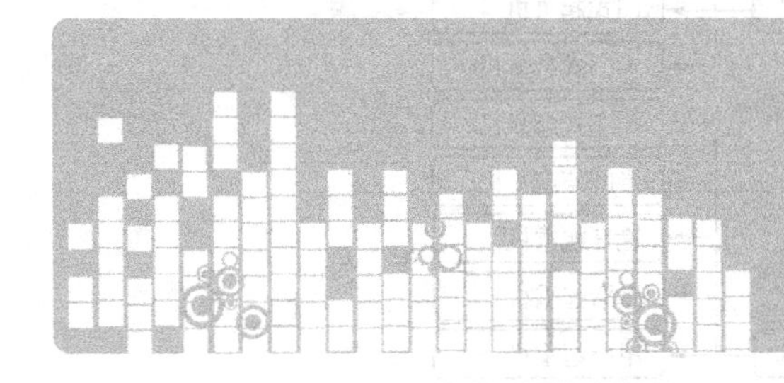

任务五

安装天车成套设备

桥式起重机是现代工业生产和起重运输中实现生产过程机械化、自动化的重要工具和设备，是机械制造工业中最广泛使用的起重机械，又称“天车”或“行车”，是一种横架在固定跨间上空用来吊运各种物件的设备。技术人员必须不断学习起重机械的使用、安装、维修等新技术，不断提高安装维修质量，以确保起重机械的安全运转，减少、杜绝各种事故的发生。通过本任务，学习以下内容：

① 了解天车的6种运动形式。

② 了解天车的结构和主要组成部分。

③ 掌握天车的安装及操作规程。

工作描述

××钢铁公司最近购买了大连起重矿山机械有限公司75/20 t桥式起重机，如图1-5-1所示，用于热轧薄板生产车间设备吊装维修，其中主小车吊钩75 t、副小车吊钩20 t。整个工程已经经过了分体设备验收、轨道验收、桥架安装、小车安装和操作室安装等环节，下一步是电气安装和附件安装，要求在一天时间内完成任务。

图1-5-1　75/20 t桥式起重机

知识链接

1. 起重机

起重机是一种作循环、间歇运动，用于起吊和放下重物，并能够使重物短距离水平移动的的生产机械，广泛用于工矿企业、港口、车站和建筑工地等场所。

2. 起重机的分类

起重机按照结构来分，可分为桥架起重机、臂架起重机和缆索起重机，如图1-5-2所示。

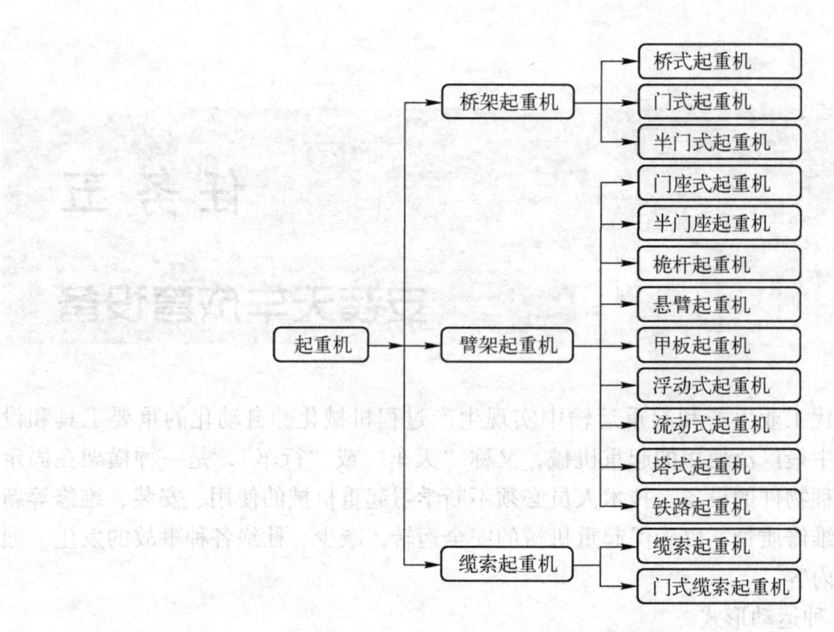

图 1-5-2 起重机的分类

桥架起重机共有 3 种类型，分别是桥式起重机、门式起重机和半门式起重机，其中桥式起重机使用最为普遍。它架设在建筑物固定跨间支柱的轨道上，用于车间、仓库等处。在室内或露天用作装卸和起重搬运工作，工厂内一般称为行车。桥式起重机根据自身桥架数量还可以分为单梁式和双梁式，如图 1-5-3、图 1-5-4 所示。门式起重机如图 1-5-5 所示，与桥式起重机的主要区别在于，在主梁的两端有两个高大支撑腿，沿着地面上的轨道运行。工厂内一般称为龙门吊。

臂架起重机中以门座式起重机应用最广，它是以其门形机座而得名的，按用途一般分为港口装卸和船厂使用两种，工厂内一般称为门机，如图 1-5-6 所示。

图 1-5-3 单梁桥式起重机

图 1-5-4 德马格双梁桥式起重机

图 1-5-5　门式起重机

图 1-5-6　臂架起重机

缆索起重机由于其在工农业生产领域应用较少，这里不再赘述。下面重点介绍桥式起重机。

3. 桥式起重机

在工业生产中，采用大量的各种各样结构、用途和货物移动方法的桥式起重机，是一种用来垂直起升货物和使它们在不大距离内水平移动的起重机械，最为普遍地用于车间、仓库中在 3 个相互垂直的方向移动货物的桥式起重机。桥式起重机是我国钢铁冶金等大型企业中最主要、最常用的起重、运输及其他多种操作的重要设备，俗称“天车”。

4. 桥式起重机的分类

桥式起重机的分类方式很多，一般可分为普通桥式起重机、简易梁桥式起重机和冶金专用桥式起重机 3 种。也有人将其按驱动方式、功能来分，可分为：通用桥式起重机、电动单梁桥式起重机、电动单梁悬挂起重机、电动葫芦桥式起重机、防爆桥式起重机（双梁）、防爆梁式起重机（电动单梁、电动单梁悬挂）、绝缘桥式起重机、冶金桥式起重机（炼钢、轧钢、热加工）。

5. 桥式起重机的基本结构

桥式起重机结构较为复杂，一般由桥架、小车、大车移动机械、主滑线和辅助滑线等组成，如图 1-5-7 所示。

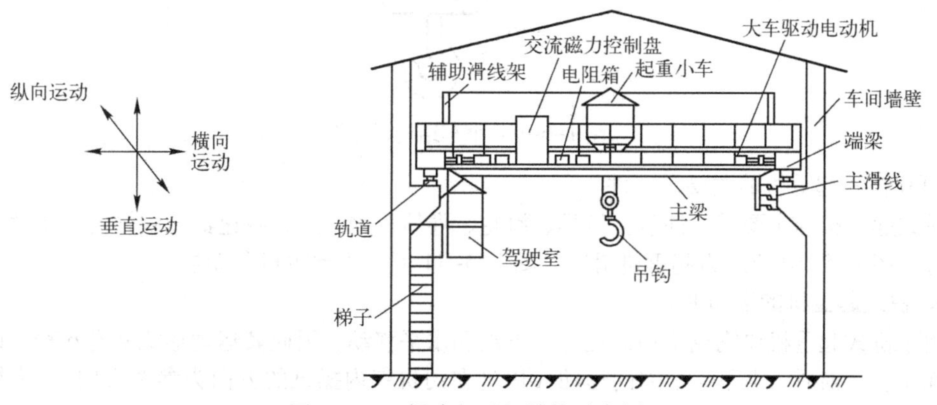

图 1-5-7　桥式起重机结构示意图

（1）桥架

桥架是起重机的主体（见图1-5-8），主要包括主梁、端梁、桥上走道等部分。主梁横跨在车间中间，其两端有端梁，组成箱式桥架。两侧设有走道，一侧安装大车移行机构的传动装置，另一侧安装小车所有的电气设备。主梁上铺有小车移动的轨道，小车可以前后移动。

（2）大车

大车运行机构由大车电动机、制动器、传动轴、万向联轴节、车轮等部分组成。拖动方式有集中传动和分别传动两种。

图1-5-8　桥式起重机桥架

（3）小车

小车结构如图1-5-9所示，主要由提升电动机、提升机构减速器、钢丝绳、卷筒、提升机构制动轮、小车电动机、小车减速器、小车走轮、小车制动轮、钢轨、吊钩组成。小车运行机构由小车电动机经减速箱拖动，两端装有缓冲装置和限位开关保护。提升机构由提升电动机、减速箱、拖动卷筒旋转，通过钢丝绳使重物上升或下降。

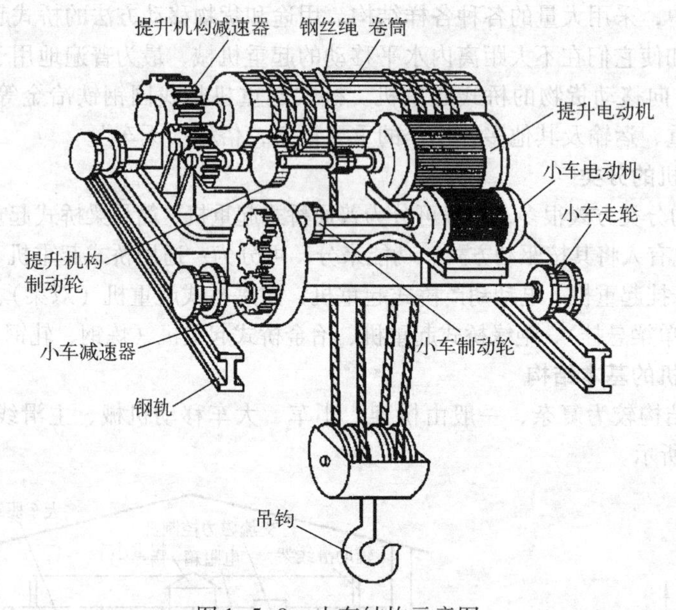

图1-5-9　小车结构示意图

（4）桥式起重机的主要零部件

桥式起重机的主要零部件包括吊具、滑轮、卷筒、钢丝绳、减速器、联轴器、制动器及缓冲器等。图1-5-10所示为起重机滑线，图1-5-11所示为起重机制动器。

6. 桥式起重机的运动形式

由于桥式起重机要完成重物的提升、下放和水平移动，因此其运动形式共有6种，以实现重物在左右、前后、上下3个方向运动（以坐在司机室内操纵的方向为参考方向）。掌握桥式起重机的6种运动形式，对于桥式起重机的设备调试和维修都有很大帮助。

图 1-5-10　起重机滑线

图 1-5-11　起重机制动器

① 起重机由大车电动机驱动沿车间两边的轨道作左右运动。

② 小车及提升机构由小车电动机驱动沿桥架上的轨道作前后运动。

③ 在升降重物时由起重电动机驱动作垂直上下运动。

7. 桥式起重机成套设备的安装

桥式起重机的安装施工主要依据有：《电力建设施工及验收技术规范》、《火电施工质量检验及评定标准》、《机械设备安装工程施工及验收技术规范》、设备厂家技术资料及施工图、现场实际情况等。桥式起重机的安装步骤主要有：吊装前的准备工作、行车安装、电气设备安装、钢丝绳缠绕、试运转等。

（1）吊装前的准备工作

主要工作包括桥式起重机设备验收、吊装工具盒吊装前的准备。检查所有机件和金属结构外观有无损坏，涂层有无剥落和锈蚀情况。根据有关技术文件制定安装方案和安装程序。

（2）行车安装

① 按厂家标识方位将连接梁、连接板组装在主梁上。

② 采用钢丝绳捆绑、点焊固定方式捆绑主梁，将棕绳捆绑副梁两头，用以在吊装时控制方向。

③ 用汽车吊将主梁吊起，观察副梁是否平衡，钢丝绳捆绑是否牢靠。当起升至车轮超过轨道面，汽车吊向北摆杆，并用棕绳调节方向，使其车轮正对轨道，缓慢下落，使其车轮卡于轨道上。在端梁下的轨道上垫放小方木，使其主梁水平。在车轮下用木楔将主梁固定，以免发生滑动。

④ 用②、③相同方法将次梁吊至轨道面上。

⑤ 拼装桥架，用手拉葫芦及千斤顶将两梁调整同一水平面，用螺栓将桥架连成一体。

⑥ 桥架拼装完毕后，用汽车吊将小车吊放至大梁轨道上，吊放时应按图纸要求使小钩正对操纵室。

⑦ 用汽车吊将操纵室吊于主梁下面，用手拉葫芦接引，将操纵室安装在主梁框架下。

（3）电气设备安装

① 电气设备在安装前应严格检查各元件是否完整无损，绝缘及触点等性能是否良好。导线之敷设应按图纸规定，导电接头和导电轨应保证接触性能良好，敷设在管内的导线不能有接头，所有电气设备外壳均应可靠接地。

② 起重机整个电器对地绝缘电阻值不应小于 0.4 MΩ。

③ 控制屏必须装置稳固，垂直偏差不大于50 mm，运行机构控制器操作方向应与其运动方向一致。

④ 无绝缘带电体与金属结构间的边缘距离，不小于20 mm，当起重机运行时，可能产生相对摆动的部分与金属结构间的距离不小于40 mm，接线盒接头之间最小距离不小于12 mm。

⑤ 在调整电气设备时，必须检查照明和信号设备，在断开刀开关时，照明和信号电路不应断电。

（4）钢丝绳缠绕

将主钩及副钩吊至小车正下方，按图将钢丝绳绕过吊钩上的动滑轮和车架上的定滑轮固定在卷筒的两端，起升机构下降至下极限时卷筒上固定钢丝绳处不小于3圈。

（5）试运转

① 试运转前必须按说明书要求给推动器及各减速器注油，使其油面高度达到油标的规定高度。

② 空载试验：用手转动制动器至最后一根传动轴一周，不得有被卡住现象。待一切经检查认为确实正常后，方可试车运转。此时应关闭端梁栏杆及舱门，控制器手柄扳到零位，合上保护盘的刀开关和紧急开关，然后按下启动按钮，起重机进入运行预备状态。开动小车控制器，空载小车沿道轨来回行走数次，车轮无明显打滑现象，启动、制动正常可靠，限位开关动作灵敏，车架上的缓冲器与桥架上的碰头相碰位置正确。开动起升机构，空钩升降数次，限位开关动作灵敏准确。把小车开至跨中，大车沿厂房全长来回行走数次，启动、制动车轮不应打滑，限位开关灵敏。大车缓冲器与终端车挡架相碰位置正确、坚固。

③ 静载试验：把小车停在桥架中间，起升1.25倍额定负荷，离地面100 mm处，停悬10 min，然后卸去负荷，检查桥架是否永久变形，反复试验3次后桥架不再有永久变形，则检查实际上拱值应大于22.5 mm，最后仍使小车停在桥架中间，起升额定负荷，检查主梁下挠值不得大于32 mm。

④ 动载试验：以1.1倍额定负荷，使起升机构和运行机构反复运转，启动、制动、各机构制动器、限位开关、电气控制应准确、可靠、灵敏、桥架振动正常，机构运转平稳，卸载后各机构和桥架无损伤和变形。

（6）安装施工保证措施及安全注意事项

起重机安装过程中，凡参加吊装的人员必须听从指挥，熟悉吊装方法及工作内容，掌握各施工机具协同配合，服从指挥。在吊装过程中，派专人进行监控，发现异常情况立即汇报。全体吊装人员要集中精力，严密监视各种机构的工作状态，不能在吊装范围内来回走动和停留。在高空组对桥架时应系好安全带，采取可靠的安全措施、防止高空坠落及高空落物。

制订工作方案

本任务中，由于桥梁拼装、大小车及零部件已经安装到位，所以在此只负责桥式起重机电气设备部分的安装工作任务。具体工作方案如下：

① 安装前的准备工作。

② 电气设备安装。

③ 调试及试运转。

实施工作方案

需要重申的是，桥式起重机的安装施工主要依据有：《电力建设施工及验收技术规范》、《火电施工质量检验及评定标准》、《机械设备安装工程施工及验收技术规范》、设备厂家技术资料及施工图、现场实际情况等。桥式起重机的安装步骤主要有：吊装前的准备工作、行车安装、电气设备安装、钢丝绳缠绕、试运转。本任务主要是进行电气设备安装。

电气设备的安装是指起重机的电气盘、柜、滑触线、移动软电缆和照明器具的安装等工作。桥架内部的电气盘、柜在桥架起吊之前就安装到位，桥架上面的电气盘柜在桥架就位之后再安装到位。电气设备的安装按有关规范执行，并做好安装记录。

天车的电气线路由配电保护电路、各机构的主电路和控制电路，以及照明信号电路组成。电气设备的安装和电线的敷设应按所附的电气原理图、配线图、电气设备总图以及有关规定进行。天车的主要电气设备和元件主要有：电动机、照明系统、联动操纵台式控制器、电阻器、保护箱和控制箱、限位开关等。

1. 安装前的准备工作

安装前应熟悉电气原理图、配线图、电器总图和有关技术文件，了解工作原理和各元件的作用，以便准确安装和迅速处理安装过程中出现的问题。电气装置的安装，应严格按照已批准的设计图纸及产品技术文件进行施工。

设备到达现场后，应做验收检查，看包装是否完整，密封件密封是否良好，规格是否符合设计要求。所有起重机电气装置规格应符合图纸要求，附件、备件齐全，制造厂的技术文件齐全，所有电气装置外观完好无损坏，绝缘电阻应符合有关规范要求。

检查断线钳、压线钳、线号管、万用表、校灯和安全带以及各种必需的电工工具，要准备齐全。

2. 电气设备安装过程

（1）电气设备要求

① 按照电气总图安装全部电气设备和元件。

② 控制屏、电阻器、变压器等较重的设备应尽量使支架牢固地焊接在走台大拉筋上，应考虑到天车正常工作时的震动情况，对控制屏、电阻器等加固。

③ 起重机上带电部分之间、带电部分和金属结构之间、接线端子之间应留足够的安全间距。

④ 起重机所有带电设备的外壳、电线管等均应可靠接地。

⑤ 所有电线、电缆所穿管口及紧贴金属棱角时应做绝缘绑扎处理。

⑥ 所接接线端子应严格按照接线图标明线号，所安装设备、接线应兼顾安全、经济、美观，便于施工和维护。

（2）安装程序

① 滑线安装：

a. 滑线支架安装时应按图制作、安装。

b. 滑线连接安装应符合规范 GB 50256—1996《电气装置安装工程起重机电气装置施工及验收规范》有关条款要求。

电气设备安装在起重机整体组装完毕后进行，按设计制造提供的电气原理图、配线图、电气设备总图展开安装工作。

② 小车电缆导电装置安装：

a. 电缆滑道架安装：根据图纸，在大车主梁外侧安装小车电缆滑道支架，然后安装钢滑道。

b. 电缆型钢滑道与小车轨道中心线平行，连接后应有足够的机构强度，无明显变形，接头处触面应平整光滑，高低差不大于0.5 mm，以保证悬挂电缆滑车能灵活移动。

c. 软电缆安装前应把电缆理顺，消除阻力，按图纸要求顺序排列电缆夹，调整电缆使每段电缆悬长基本相同，每隔500～700 mm用铁皮编织并夹紧，应保证每根电缆都夹紧，要在电缆夹板上垫以胶皮，然后安装牵引钢绳，调整钢绳长度保证运行时由牵引绳受力，最后将电缆两端分别接至桥架小车的接线盒中。

起重机轨道应有可靠的接地，应按GB 50169—2006《电气装置安装工程接地装置施工及验收规范》进行，接地装置按设计规定选用，室内用ϕ6 mm、室外用ϕ8 mm的圆钢焊接于建筑物的金属结构（梁、柱）或混凝土内部的钢筋上。也可用≥150 mm扁钢为导体。起重机接地电阻均不得大于4 Ω。

3. 电气设备的调试及试运转

① 限位开关的调整：检查所有限位开关的接线是否正确，被保护的机构到达极限位置后，限位开关是否断开。

② 电气线路的调试：确认接线是否正确，所有螺栓是否拧紧，用500 V兆欧表对盘柜的绝缘电阻和电动机的绝缘电阻进行测试，要求其绝缘电阻值≥0.5 MΩ，合上起重机的总电源开关，对电气线路进行检查与调试。

③ 控制屏各元件的检查与调整：检查时，主回路刀开关应拉下，合上控制回路开关，进行空投，同时观察各接触器、继电器的动作顺序是否与电气原理图的要求相符。

④ 安全保护线路的检查与调整：用手扳动各机构限位开关及所有安全开关，观察动作是否灵活，是否能切断电源起保护作用。

⑤ 电动机运转方向的调整：合上各级开关，操作控制器，将各机构电动机点动一下，观察电动机的转向与控制器的操纵方向是否一致，双电动机拖动的应看两电动机是否同方向运行，与限位开关保护的方向是否一致，如不一致，应进行调整，使其转动方向符合要求。

⑥ 电气设备的试运转：当机电设备全部按图纸要求安装并检查无误后，可以进行调试及试运转。合上所有刀开关，使各机构的主回路和控制回路全部接上电源，首先在空载时进行试运行，观察各机构工作是否正常，只有在空载正常运行的情况下，才允许负载运行，负载运行时必须逐步加载，直至满载为止。

工作评价

相关工作评价如表1-5-1所示。

表1-5-1　工作评价

考核点	考核方式	评价标准			
		优	良	中	及格
对天车6种运动形式、基本结构的掌握情况（25%）	教师评价+自评	了解天车的6种运动形式；熟练掌握天车的基本结构和组成部分	了解天车的6种运动形式。较熟练掌握天车的基本结构和组成部分	基本了解天车的6种运动形式和天车的基本结构	在提示下能够说出天车的6种运动形式和天车的基本结构

续表

考核点	考核方式	评价标准			
		优	良	中	及格
对天车成套设备的安装的能力（25%）	教师评价＋互评＋自评	熟悉天车成套设备的安装步骤，能够读懂相关电气图，能做到进行指导安装	了解天车成套设备的安装步骤，能够读懂相关电气图，能与他人合作安装	了解天车成套设备的安装步骤，能够读懂相关电气图并进行安装	在指导下基本能够读懂相关电气图，并进行安装
对天车故障的检修能力（30%）	教师评价＋自评＋互评	熟悉天车的安全操作规程，能够排除工作过程中可能出现的各种故障现象，有较强的安全意识	熟悉天车的安全操作规程，能够排除工作过程中可能出现的基本故障现象，有一定的安全意识	熟悉天车的安全操作规程，在教师指导下能够排除基本故障现象，有一定的安全意识	了解天车的安全操作规程，在教师指导下能够排除工作过程中可能出现的基本故障现象，有一定的安全意识
团结协作能力及综合表现（20%）	教师评价＋自评	积极参与；独立操作意识强；按时完成任务；愿意帮助同学；服从指导教师的安排	主动参与；有独立操作意识；在教师的指导下完成任务；服从指导教师的安排	能够参与；在教师经常下完成任务；服从指导教师的安排	能够参与；在教师的督促及帮助下完成任务；能服从指导教师的安排

简短评语：

____。

知识拓展

1. 桥式起重机安装工程验收

桥式起重机安装属于特种工作，其验收要经过严格的手续。

① 起重机施工完成，空负荷试验合格后，请当地特检所监督载荷试验。动载荷和静载荷试验合格，特检所出具起重机械安装改造重大维修监督检验报告及起重机械安全使用证。

② 办理起重机及相关技术资料的移交。

2. 桥式起重机安装工程执行标准

① GB 3811《起重机设计规范》。

② GB 6067《起重机安全规程》。

③ GB 5905《起重机试验规范和程序》。

④ GB/T 14405《通用桥式起重机》。

⑤ GB 10183《桥式和门式起重机制造及轨道安装公差》。

⑥ GB 50278《起重设备安装工程施工及验收规范》。

⑦ TSG Q7016《起重机械安装改造重大维修监督检验规则》。

3. 故障处理实例

故障处理实例如表 1-5-2 所示。

表 1-5-2 故障处理实例

可能故障现象	发生故障的原因	消除故障的方法
合上保护盘上的刀开关时，操作电路的空气开关跳闸	操作电路中有一相接地	消除接地现象
电动机旋转缓慢或不正常	① 制动器未完全分开 ② 电阻器接线有错	① 检查并调整制动器结构 ② 改正电阻器接线
限位开关动作时，电动机不断电	① 限位开关的电路中发生短路现象 ② 接至控制器的导线次序错乱	① 检查引至限位开关的导线 ② 检查接线
电源切断后接触器不断开	① 电器接地或短路 ② 接触器触点分断不开 ③ 衔接接触面油污粘住	① 用兆欧表找出损坏处并处理 ② 消除故障 ③ 清除油污
控制器转动后，过电流继电器动作	① 过电流继电器的整定值不符 ② 机械部分某一环节卡住	① 调整继电器的整定值 ② 消除机械部分故障
手柄在工作中被卡住	① 触点焊住 ② 定位机构发生故障	① 消除故障修好触点 ② 查找定位机构故障并消除
电动机均匀过热	① 工作类型超额引起过载 ② 工作电压低 ③ 电阻器不匹配	① 减少电动机的工作次数或更换电动机 ② 电压降低时减少负荷 ③ 更换电阻器
交流接触器导电部件温升过高	① 触点表面有赃物和烧毛 ② 触点行程不足 ③ 接线螺钉松动	① 清扫触点表面 ② 调整行程 ③ 拧紧螺钉

第二单元

设 备 维 护

设备就像人一样也有寿命周期，也需要定期检查和维护，才能保证设备的高效率正常运行。这就要求每个从业人员拥有丰富的设备维护知识、具有较强责任心，并严格按照设备维护保养要求履行自己的职责，使设备运行处于良性循环状态。

【学习目标】

- 学会自动化生产线日常巡检的流程与操作规范。
- 掌握设备维护的步骤与方法及注意事项。
- 熟悉电工安全文明操作规程。

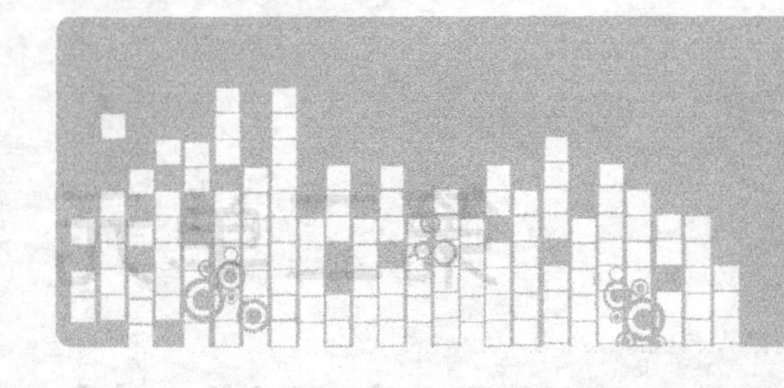

任务一 日常巡检自动化生产线

目前，我国已经成为全球最大的钢铁生产国，钢铁行业作为重工业和基础原材料工业直接影响到国民经济的稳定运行。随着社会的进步和科学技术的发展，智能网络控制和自动化生产已经广泛应用到钢铁冶金行业中。本任务通过一条热连轧薄板生产线的介绍，学习以下内容：

① 了解板坯热连轧薄板生产线的基本情况。

② 学会日常巡检自动化生产线。

工作描述

小郑是××钢铁公司薄板厂热连轧薄板生产线（见图2-1-1）上的一名仪表工，工作了将近2周。以前都是师傅带着自己进行生产线常规日巡检，今天班长通知小郑，师傅临时有事没来上班，要求他照常工作。

图2-1-1　热连轧薄板生产线

知识链接

1. 自动化生产线

自动化生产线是产品生产过程所经过的路线，即从原料进入生产现场开始，经过加工、运送、装配、检验等一系列生产线活动所构成的路线。例如，汽车典型零部件生产和装配，如汽缸体、制动器、内燃机等；饮料生产，如酒类等；家用电器的生产装配，如电视机、电冰箱、空调等。图2-1-2所示为德国莱比锡宝马汽车车架自动化生产线。

图 2-1-2　德国莱比锡宝马汽车车架生产线

2. 自动化生产线的特点

自动化生产线是工作过程自动化、能实现多种工作任务的机电液气一体化装置或系统，包含伺服控制技术、精密机械传动技术、气动控制技术、变频器技术、PLC 控制和组网技术、HMI 技术、步进电动机控制技术等核心技术。

3. 热连轧薄板生产线

热连轧薄板生产线示意图如图 2-1-3 所示。

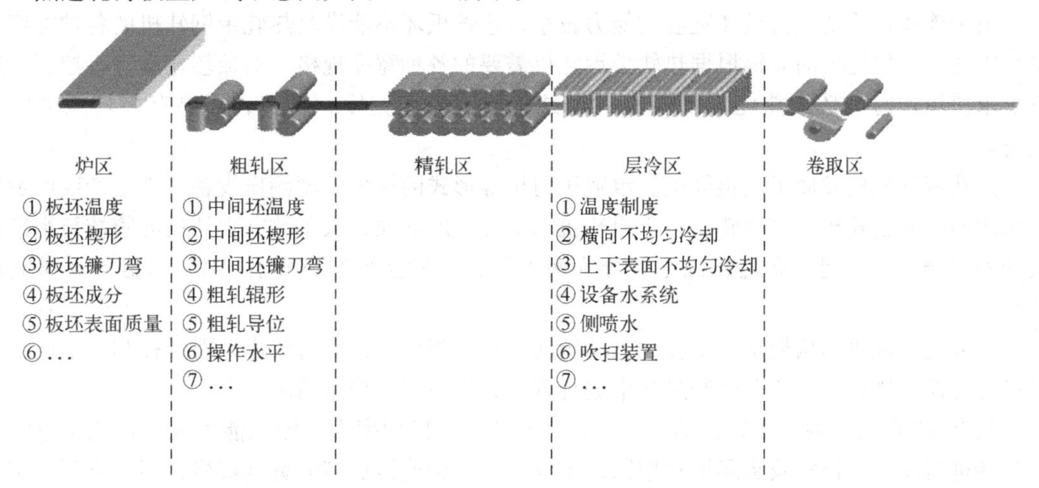

图 2-1-3　热连轧薄板生产线示意图

（1）加热炉

加热炉的作用就是解热被加工的板坯，加热炉出炉温度为 1 200 ～ 1 280 ℃，加热质量直接影响轧制带钢的质量。

（2）除鳞

粗轧除鳞设备用于清除板坯表面的一次氧化铁皮，其主要形式有辊式除鳞机和高压水除鳞装置。

高压水除鳞装置不用机械设备对板坯进行下压，只用高压水清除板坯表面的氧化铁皮。粗轧高压水除鳞装置位于加热炉和第 1 架粗轧机之间，常用除鳞水压为 15 ～ 22 MPa。与辊式除鳞机相比，粗轧高压水除鳞装置结构简单，设备质量轻，清除氧化铁皮效果好，应用广泛。图 2-1-4 所示为高压水除鳞示意图。

（3）粗轧机

粗轧机如图 2-1-5 所示，粗轧机的水平轧机是把热板坯减薄成适合于精轧机轧制的中间带坯。

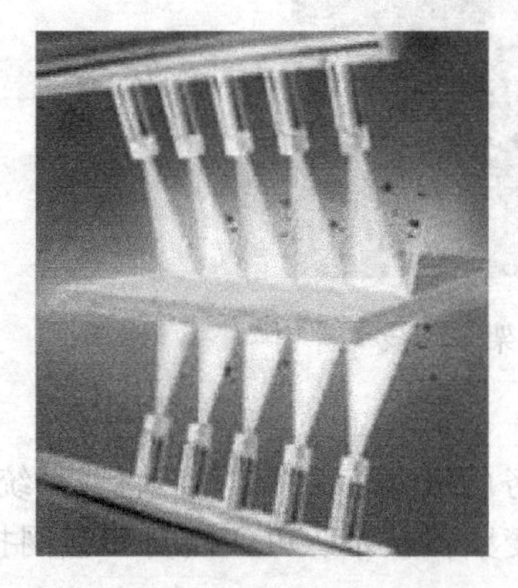

图 2-1-4　高压水除鳞示意图

图 2-1-5　粗轧机

（4）调宽

由于连铸机改变连铸板坯宽度的能力较小，连铸板坯不能满足热轧带钢轧机的各种宽度规格，因此，由粗轧机的立辊根据热轧带钢轧机需要的各种宽度规格，对板坯宽度进行控制。这就要求使用连铸板坯的热轧带钢轧机必须具有调节板坯宽度的功能，即要有板坯宽度侧压设备。

热轧带钢轧机发展了立辊轧机、定宽压力机等形式的板坯宽度侧压设备，本生产线调宽装置采用的是立辊轧机，立辊轧机位于粗轧机水平轧机的前面，大多数立辊轧机的牌坊与水平轧机的牌坊连接在一起。立辊轧机主要分为两大类：一般立辊轧机和有 AWC 功能的重型立辊轧机。

一般立辊轧机结构简单，主传动电动机功率小、侧压能力普遍较小，而且控制水平低，辊缝设定为摆死辊缝，不能在轧制过程中进行调节，带坯宽度控制精度不高。

具有 AWC 功能的立辊轧机结构先进，主传动电动机功率大，侧压能力大，在轧制过程中对带坯进行调宽、控宽及头尾形状控制，不仅可以减少连铸板坯的宽度规格，而且有利于实现热轧带钢板坯的热装，提高带坯宽度精度和减少切损。

（5）精轧机组

精轧机组是成品轧机，如图 2-1-6 所示，布置在粗轧机组中间辊道或热卷箱的后面，是带钢热连轧线的核心设备。精轧是决定产品质量的主要工序，带钢的力学性能主要取决于精轧机终轧温度和卷取温度。主要包括切头飞剪、边部加热器、精轧除鳞箱、精轧机前立辊轧机 FIE、精轧机列设备（传动装置、压下装置）、活套装置、热轧工艺润滑装置、除尘装置、辊道及带钢冷却装置、精轧机换辊装置。

（6）层冷区

带钢温度控制热轧带钢的终轧温度一般为 800 ～ 900 ℃，卷取温度通常为 550 ～ 650 ℃，从精轧机末架到卷取机之间必须对带钢进行冷却，以便缩短这一段生产线，从终轧到卷取这个温度区间，带钢金相组织转变很复杂，对带钢实行控制冷却有利于获得所需的金相组织，改善和提高带钢力学性能。常用的带钢冷却装置有层流冷却、水幕冷却、高压喷水冷却装置等多种形式。

图 2-1-6　精轧机组

高压喷水冷却装置结构简单，但冷却不均匀，水易飞溅，新建厂已很少采用。水幕冷却装置水量大，控制简单，但冷却精度不高，有许多厂在使用。层流冷却装置设备多，控制复杂，但冷却精度高，目前广泛使用。

层流冷却装置主要由上集管、下集管、侧喷、控制阀、供水系统及检测仪表和控制系统组成。

层流冷却的水压稳定，水流为层流，通常采用计算机控制，控制精度高，冷却效果好。

层流冷却系统依据带钢钢种、规格、温度、速度等工艺参数的变化，对冷却的物理模型进行预设定，并适应模型更新，从而控制冷却集管的开闭，调节冷却水量，实现带钢冷却温度的精确控制。

通常层流冷却装置分为主冷却段和精调段，典型的冷却方式有：前段冷却、后段冷却、均匀冷却和两段冷却。

（7）卷取区

地下卷取区采用 2 台卷取机进行卷取，卷取机为液压三助卷辊式，带跳跃（踏步）控制功能。卷重 20 t，卷取速度 100 ～ 1081 m/min，最大卷取速度为 15 m/s，最高卷取温度为 750℃，芯轴驱动电动机功率为 800 kW。

4. 生产线自动化控制特点

生产线自动化主要完成设备的顺序控制及连锁控制、自动位置控制，速度控制，张力控制，带钢的温度、厚度、宽度、板形控制，卷取控制以及加热炉的热工参数控制、回路调节、故障检测与报警、各种操作界面和数据采集等任务。

5. 生产线自动化硬件设备配置

基础自动化硬件设备配置如表 2-1-1 所示，板加区辊道控制、加热炉控制、轧线介质控制采用 SIEMENS 公司的 S7－400 控制器；轧线通用控制器和工艺控制器则采用 SIEMENS 公司的 TDC 控制器。

表 2-1-1 基础自动化硬件设备配置表

序 号	用 途	设备型号	单位	数量	备 注
1	板加区				
1.1	板坯库辊道控制	S7-400	套	1	
1.2	加热炉控制（电控）	S7-400	套	2	
1.3	加热炉控制（仪控）	S7-400	套	2	
2	粗轧区				
2.1	粗轧公共控制	TDC	套	1	
2.2	粗轧辅助控制	S7-400	套	1	
2.3	粗轧机架控制	TDC	套	1	
2.4	粗轧 GDM 网络控制器	TDC	套	1	
2.5	粗轧急停系统	S7-300F	套	1	
3	精轧区				
3.1	精轧通用控制	TDC	套	1	
3.2	精轧和卷取辅助控制	S7-400	套	1	
3.3	精轧机架控制	TDC	套	6	
3.4	精轧/卷取 GDM 控制器	TDC	套	1	
3.5	精轧急停系统	S7	套	1	
4	卷取及运输链区				
4.1	卷取通用控制	TDC	套	1	
4.2	1#、2#卷取工艺控制	TDC	套	2	
4.3	卷取急停系统	S7	套	1	

6. 基础自动化软件配置

① 系统软件：控制软件的开发，S7 和 TDC 系统采用基于 Windows XP 的 CFC 或 SFC 软件包；画面设计采用 SIEMENS 公司 WinCC 服务器版和 Client 版。

② 系统结构：基础自动化系统由可编程序控制器（S7-400PLC）、工艺控制器（TDC）、远程 I/O（RIO）、人机接口（HMI）、过程数据采集系统（IBA）以及通信网络组成。

7. 系统驱动特点

热连轧薄板生产线中辊道采用变频器调速控制，粗轧、精轧采用液压传动方式。

8. 电气传动主要控制对象

电气传动主要控制对象如表 2-1-2 所示。

表 2-1-2 电气传动主要控制对象

序 号	主要控制对象	具体内容
1	加热炉	入炉辊道、推钢机、出炉辊道、输送辊道等
2	粗轧前除鳞机	输送辊道、高压泵等
3	粗轧机	粗轧机主传动、前后运输辊道、换辊等
4	热卷箱	弯曲辊、托辊、运输辊道等

续表

序 号	主要控制对象	具 体 内 容
5	切头/切尾飞剪	飞剪主传动、前后运输辊道
6	精轧前除鳞机	除鳞泵、前后运输辊道
7	精轧机组	精轧机主传动、活套、标高调整、换辊等
8	层流冷却	运输辊道
9	卷取机	卷取主传动、夹送辊、助卷辊、运输辊道
10	运输链	链条传动
11	其他	离线设备，如风机、水泵站、液压站等

9. 日常点检内容

除了一小部分（如加热炉、辊道、粗轧机、精轧机、层流冷却等）设备在地上安装外，热连轧薄板生产线的绝大部分设备都在地下安装、运行，如供电系统、驱动系统、控制系统。由于设备过于庞大，日常点检工作非常复杂。需要点检的项目如下：

① 电动机的温升、电气参数是否正常。

② 液压系统的压力是否正常。

③ 变频器的工作状态、供电是否正常等。

④ 电缆自身有无高温现象、接线处是否有氧化、烧蚀或发热现象。

⑤ 供电系统的电压、电流、功率是否正常。

⑥ 电动机是否有震动、异味、高温发热、附件是否完备、接线处是否正常、散热条件是否良好。

⑦ 润滑系统是否正常、油位是否过低等。

以上点检项目往往由若干班组协作才能完成，本任务中只选取其中典型的几个巡检工作。

制订工作方案

① 选择巡检路径和巡检对象。

② 巡检并填写点检表。

③ 作事故报告并填写事故报告单。

④ 班组交接。

实施工作方案

1. 选择点检路径和巡检对象

本次选取了35 kV供电设备、加热炉、粗轧区、精轧区、卷曲及主电动机的电气点检作为工作任务，点检路径采用由上到下、由前到后的形式。

2. 巡检并填写点检表

（1）35 kV重点供电设备的点检

35 kV用于热轧薄板生产线的主电源供给，点检工作主要是按照各高压配电柜的柜号，点检各项电压和电流（见表2-1-3），观察电压和电流是否平衡。

表 2-1-3　35 kV 重点供电设备的点检表

名　　称	供　电　高　压　柜						
	柜号	U_{ab}	U_{bc}	U_{ca}	I_a	I_b	I_c
35 kV 7 次谐波柜							
35 kV 5 次谐波柜							
35 kV 3 次谐波柜							
35 kV 2 次谐波柜							
35 kV SVC 电源柜							
35 kV 粗轧上辊整流变							
35 kV 粗轧下辊整流变							
35 kV 1#进线柜							
35 kV F1 整流变							
35 kV F2 整流变							
35 kV F3 整流变							
35 kV F4 整流变							
35 kV F5 整流变							
35 kV F6 整流变							
35 kV F7－1 整流变							
35 kV F7－2 整流变							
35 kV 粗轧同步变压器							
35 kV PT 柜							
35 kV 2#进线柜							
35 kV 粗轧同步变压器							
班组：　年　月　日	点检人：			时间：			
	点检人：			时间			
	点检人：			时间			
	点检人：			时间			

（2）加热炉的点检

加热炉的点检主要包括 4 项内容，分别是加热炉本身、加热炉风机、加热炉燃烧系统和气化部分，相关点检内容由 HMI 读出，如表 2-1-4 所示。

表 2-1-4　1#、2#加热炉点检表

点检内容	1#、2#加热炉	装钢机南侧电动机			装钢机北侧电动机			出钢机南侧电动机			出钢机北侧电动机	
1#/2#电动机本体	1#炉											
	2#炉											
1#/2#电动机抱闸	1#炉											
	2#炉											

续表

点检内容	1#、2#加热炉	装钢机南侧电动机			装钢机北侧电动机			出钢机南侧电动机			出钢机北侧电动机		
1#/2#电动机脉冲	1#炉												
	2#炉												
1#/2#电动机异响	1#炉												
	2#炉												
异常情况记录													

班组： 点检人： 日期： 年 月 日

在生产线设备点检过程中，电动机外壳、传动轴承温度、电缆接头温度等通过红外测温枪（见图2-1-7）进行检测，其他绝大多数参数可通过HMI读取，如表2-1-5、表2-1-6、表2-1-7所示。

图2-1-7　红外测温枪

表2-1-5　1#、2#炉风机电动机点检表

1#、2#加热炉及风机电动机		电动机外壳温度/℃		传动侧轴承温度/℃			
	点检时间						
鼓风机	1#炉						
	2#炉						
空气引风机	1#炉						
	2#炉						
煤气引风机	1#炉						
	2#炉						
备用风机	1#炉						
	2#炉						
异常情况记录							

班组： 点检人： 日期： 年 月 日

表 2-1-6　1#、2#炉燃烧系统点检表

1#、2#炉燃烧系统		接近开关、电磁阀线圈、压力变送器、流量调节阀与快切阀			排烟调节阀、排烟热电阻、S 型热电偶、双金属温度计		
	点检时间						
加热一段工作状况	1#炉						
	2#炉						
加热二段工作状况	1#炉						
	2#炉						
加热三段工作状况	1#炉						
	2#炉						
均热段上工作状况	1#炉						
	2#炉						
均热段下工作状况	1#炉						
	2#炉						
煤气平台工作状况	1#炉						
	2#炉						
异常情况记录							

班组：　　　　点检人：　　　　　　　　　　日期：　　　年　　月　　日

表 2-1-7　1#/2#炉汽化点检表

1#/2#炉汽化	电动机外壳温度/℃				传动侧轴承温度/℃			PLC 系统	电源、模板、通信等工作状况			
	点检时间								点检时间			
1#炉热水循环泵	1#								PLC1			
	2#								PLC2			
1#炉给水泵	1#								PLC3			
	2#								PLC4			
1#炉软水泵	1#								PLC5			
	2#								1#炉 UPS			
2#炉热水循环泵	1#								2#炉 UPS			
	2#											
2#炉软水泵	1#								变频器系统工作状况			
	2#											
异常情况记录												

班组：　　　　点检人：　　　　　　日期：　　　年　　月　　日

（3）变频器的点检

在热轧薄板生产线的控制中，由于需要恒速控制电动机，因此大量使用了变频器，故变频器、电动机成为生产线点检的一个主要内容，如表 2-1-8 所示。

表 2–1–8　变频器、电动机点检表

点检内容	变频器				电动机异响、地脚松动及其他异常情况			1#、2#炉液压站电动机外壳温度/℃				
	点检时间							点检时间				
装料辊道	A1							1#炉主泵电动机	1#			
	A2								2#			
	A3								3#			
	A4								4#			
	B1								5#			
	B2							1#炉循环泵电动机	1#			
	B3								2#			
	B4							2#炉主泵电动机	1#			
	B5								2#			
出料辊道	C1								3#			
	C2								4#			
	C3								5#			
	C4							2#炉循环泵电动机	1#			
	C5								2#			
异常情况记录												

班组：　　　　　　点检人：　　　　　　　　　　　日期：　　　　　年　　月　　日

（4）粗轧区点检

粗轧区点检主要包括粗轧区电气设备、高压除磷、液压伺服、润滑系统和主电动机的点检，如表 2–1–9 ～表 2–1–13 所示。

表 2–1–9　粗轧区电气设备点检表

点 检 内 容	R1 上电动机			R1 下电动机			立辊主传电动机	E1（操作侧）电动机			E1（传动侧）电动机		
定子 HMI 值							电动机壳体实测温度						
轴承 DN 侧 HMI 值							电动机电流/A						
轴承 DN 侧实测值							DN 侧轴承温度实测值						
轴承 NDN 侧 HMI 值							NDN 侧轴承温度实测值						
轴承 NDN 侧实测值							冷却器电动机（传动侧温度）						
空冷系统 DN 侧 HMI 值							冷却器电动机（非传动侧温度）						
空冷系统 DN 侧实测值							冷却器进水温度						
空冷系统 NDN 侧 HMI 值							冷却器回水温度						
空冷系统 NDN 侧实测值													

续表

点检内容	R1 上电动机			R1 下电动机			立辊主传电动机	E1（操作侧）电动机			E1（传动侧）电动机		
空冷系统 Air - out 温度 HMI 值													
异常情况备注													

班组：　　　　点检人：　　　　日期：　　　年　　月　　日

表 2-1-10　高压除磷主电动机点检表

除磷泵站		1#主电动机			2#主电动机			3#主电动机		
主电动机定子 A 相温度										
主电动机定子 B 相温度										
主电动机定子 C 相温度										
主电动机前轴实测温度										
主电动机后轴实测温度										
主电动机外壳实测温度										
主电动机电流/A	最大									
	最小									
异常情况备注										

班组：　　　　点检人：　　　　日期：　　　年　　月　　日

注：R1——四辊可逆粗轧机；E1——立辊轧机。

表 2-1-11　伺服液压站点检表

伺服液压站	点检时间			辅助液压站	点检时间		
主泵电动机 1#外壳温度				主泵电动机 1#外壳温度			
主泵电动机 2#外壳温度				主泵电动机 2#外壳温度			
主泵电动机 3#外壳温度				主泵电动机 3#外壳温度			
主泵电动机 4#外壳温度				循环泵电动机 1#外壳温度			
主泵电动机 5#外壳温度				循环泵电动机 1#外壳温度			
循环泵电动机 1#外壳温度				立辊压下润滑系统电动机外壳温度	1#		
					2#		
循环泵电动机 2#外壳温度				主传动压下润滑系统电动机外壳温度	1#		
					2#		
润滑站油膜轴承润滑系统电动机外壳温度	1#						
	2#						
异常情况备注							

班组：　　　　点检人：　　　　日期：　　　年　　月　　日

表 2-1-12　润滑系统点检表

R1 压下系统		电动机实测温度	HMI 电流值/A
R1（操作侧）电动机			
R1（操作侧）电动机			
主电动机润滑站		1#	2#
	点检时间		
低压泵电动机外壳温度			
高压泵电动机外壳温度			
ET200 站情况记录			
异常情况记录			

班组：　　　　　　　点检人：　　　　　　　　　日期：　　　年　　月　　日

表 2-1-13　粗轧主电动机轴承温度点检表

温度 时间	上电动机前轴承推力瓦温度		上电动机轴承润滑温度	上电动机后轴承润滑温度	下电动机前轴承推力瓦		下电动机前轴承润滑温度	下电动机后轴承润滑温度	中间轴润滑温度
	前瓦温度	后瓦温度			前瓦温度	后瓦温度			
0:00									
0:30									
1:00									
1:30									
2:00									
2:30									
3:00									
3:30									
4:00									
4:30									
5:00									
5:30									

续表

时间 \ 温度	上电动机前轴承推力瓦温度		上电动机轴承润滑温度	上电动机后轴承润滑温度	下电动机前轴承推力瓦		下电动机前轴承润滑温度	下电动机后轴承润滑温度	中间轴润滑温度
	前瓦温度	后瓦温度			前瓦温度	后瓦温度			
6:00									
6:30									
7:00									
7:30									
8:00									
8:30									
9:00									
9:30									
10:00									
10:30									
11:00									
11:30									

班组：　　　　点检人：　　　　日期：　　　年　　月　　日

注：表2-1-13为0点班班次巡检记录表，8点班班次与16点班班次与之相同，时间顺延。

（5）2#线电气车间精轧区电气设备点检表

点检设备有主电动机及轴承润滑系统、精轧伺服液压站主泵电动机、热卷箱等设备，如表2-1-14～表2-1-16所示。

表2-1-14　主电动机点检表

点检内容	主电动机	F1			F2			热卷箱	点检时间		
定子温度HMI显示值								入口偏转辊电动机外壳温度			
定子温度实测值								下夹送辊电动机外壳温度			
传动侧轴承温度HMI显示值											
传动侧轴承温度实测值								下夹送辊电动机外壳温度			
空冷系统DN（传动侧）HMI显示值								止回辊电动机外壳温度			
空冷系统（传动侧）南侧风机实测值								1#托卷辊电动机外壳温度			
空冷系统（传动侧）北侧风机实测值								1#托卷辊电动机外壳温度			
空冷系统NDN（传动侧）HMI显示值								上弯曲辊电动机外壳温度			

续表

点检内容	主电动机	F1			F2			热卷箱	点检时间			
空冷系统（非传动侧）南侧风机实测值								下弯曲辊电动机外壳温度				
空冷系统（非传动侧）北侧风机实测值												
空冷系统 Air - out 出口空气温度 HMI 显示值												
异常情况记录												

班组：　　　　　点检人：　　　　　　　　　日期：　　　年　　月　　日

注：F1、F2——前 2 道精轧生产线。

表 2–1–15　主电动机轴承润滑系统、精轧伺服液压站 FH5 点检表

点检内容	主电动机轴承润滑系统	F1～F4			精轧伺服液压站 FH5						精轧辅助液压站 FH4			
					主泵电动机外壳温度	点检时间				主泵电动机外壳温度				
机前进油口压力表高压						1#								
机前进油口压力表低压						2#								
机前高压 1#泵温度实测值						3#								
机前高压 2#泵温度实测值						4#								
机前低压 1#泵温度实测值						5#								
机前低压 2#泵温度实测值						6#				循环泵电动机外壳温度				
机前高压 1#泵电动机温度实测值						7#								
机前高压 2#泵电动机温度实测值						8#				热卷箱液压站	点检时间			
机前低压 1#泵电动机温度实测值					循环泵电动机外壳温度	1#				主泵电动机外壳温度				
机前低压 2#泵电动机温度实测值						2#					1#			
机前油箱温度					机前稀油站 FL3 电动机外壳温度	1#					2#			
机前油箱液位						2#					3#			
低压主管路压力						3#					4#			
高压主管路压力					稀油站油膜电动机外壳温度	1#				循环泵电动机外壳温度	1#			
机前泵出口接近开关						2#					2#			
异常情况记录														

班组：　　　　　点检人：　　　　　　　　　日期：　　　年　　月　　日

注：F1～F4 为前 4 道精轧生产线。

表 2–1–16　飞剪、辊道电动机等设备点检表

飞　剪	点检时间					点检时间				
	飞剪电动机本体温度					辊道电动机	CB 入口辊道电动机			
传动侧轴承温度	轧机侧温度						夹送辊辊道电动机			
	热卷箱侧温度						飞剪前辊道电动机			
非传动侧轴承温度	轧机侧温度						除磷箱辊道电动机			
	热卷箱侧温度						除磷入口出口辊道			
传动侧冷却系统风机温度	轧机侧温度					机后稀油站 FL4 电动机外壳温度	1#			
	热卷箱侧温度						2#			
传动侧冷却系统风机温度	轧机侧温度						3#			
	热卷箱侧温度					稀油站油膜电动机外壳温度	1#			
							2#			

班组：　　　　　　点检人：　　　　　　　　　　　　日期：　　　　年　　月　　日

（6）2#线电气车间卷取电气设备点检

点检电气设备主要有卷筒电动机、助卷辊、夹送辊、喂料辊和热输出辊道电动机，如表 2–1–17～表 2–1–20 所示。

表 2–1–17　卷筒电动机点检表

卷筒电动机			1#卷筒电动机			2#卷筒电动机			3#卷筒电动机		
定子温度	测温枪实测值										
	U 相	HMI 显示值									
	V 相	HMI 显示值									
	W 相	HMI 显示值									
定子电流		HMI 显示值									
轴承温度	传动侧	测温枪实测值									
		HMI 显示值									
	非传动侧	测温枪实测值									
		HMI 显示值									
冷却系统	进水温度	测温枪实测值									
	进风温度	HMI 显示值									
	回水温度	测温枪实测值									
	出风温度	HMI 显示值									
冷却器电动机温度	传动侧	测温枪实测值/℃									
	非传动侧	HMI 显示值/℃									

续表

卷筒电动机		1#卷筒电动机			2#卷筒电动机		3#卷筒电动机		
新增运输区液压站 FH9 循环泵电动机外壳温度	1#				新增运输区液压站 FH9 循环泵电动机外壳温度	1#			
	2#					2#			
异响泄漏及其他异常情况记录									

班组： 点检人： 日期： 年 月 日

表 2-1-18 助卷辊点检表

助卷辊		电动机本体温度（实测值）			HMI 电流显示值/A		
1#卷取机助卷辊	1#电动机						
	2#电动机						
	3#电动机						
2#卷取机助卷辊	1#电动机						
	2#电动机						
	3#电动机						
3#卷取机助卷辊	1#电动机						
	2#电动机						
	3#电动机						

新增运输区液压站 FH9	外壳温度				运输区液压站 FH8	外壳温度			
主泵电动机	1#				主泵电动机	1#			
	2#					2#			
	3#					3#			
	4#					4#			
	5#					5#			
	6#					6#			
	7#					7#			
	8#					8#			
异响泄漏及其他异常情况记录									

班组： 点检人： 日期： 年 月 日

表 2-1-19 夹送辊点检表

夹 送 辊		电动机本体温度（实测值）			HMI 电流显示值/A		
1#夹送辊	上电动机						
	下电动机						
2#夹送辊	上电动机						
	下电动机						
3#夹送辊	上电动机						
	下电动机						

续表

夹送辊		电动机本体温度（实测值）					HMI电流显示值/A		
伺服液压站FH7	外壳温度				伺服液压站FH8	外壳温度			
主泵电动机	1#				主泵电动机	1#			
	2#					2#			
	3#					3#			
	4#					4#			
	5#					5#			
	6#				循环泵电动机	1#			
	7#					2#			
	8#				FL3循环泵电动机	1#			
	2#					2#			
异响泄漏及其他异常情况记录									

班组：　　　　　　　　　点检人：　　　　　　　　　日期：　　年　月　日

表 2-1-20　喂料辊和热输出辊道电动机点检表

喂料辊		HMI电流显示值/A			热输出辊道电动机	HMI电流显示值/A		
1#/2#卷取喂料辊电动机	1#入口				1组			
					2组			
	1#出口				2.2组			
					2.3/2.4组			
	2#入口				3/4组			
					DC1.1/1.2组			
异响泄漏及其他异常情况记录								

班组：　　　　　　　　　点检人：　　　　　　　　　日期：　　年　月　日

3. 事故报告并填写事故报告单

在生产线点检过程中，如发现设备出现异常，应及时上报并填写设备事故报告单（见表2-1-21），以便进行事故分析、处理。在此任务中，小郑20:09在卷取电气室发现层冷L6段电动机全部跳闸，检查发现L6段整流面板报F009，且主进线断路器跳闸，检查整流熔断器无坏的之后合闸正常。测量层冷第266、222根辊道对地。经过处理已将问题电动机分闸，恢复轧钢。

表 2-1-21　设备事故报告单

车间名称：电气二车间

事故分析人					
设备名称		规格型号		使用位置	
事故发生时间					

续表

<table>
<tr><td>事故分析人</td><td colspan="6"></td></tr>
<tr><td>设备名称</td><td></td><td>规格型号</td><td></td><td>使用位置</td><td colspan="2"></td></tr>
<tr><td>事故报告人</td><td></td><td>事故类别</td><td></td><td>责任人</td><td colspan="2"></td></tr>
<tr><td>停机时间</td><td></td><td>修理人名单</td><td colspan="4"></td></tr>
<tr><td>事故经过及
损坏情况</td><td colspan="6"></td></tr>
<tr><td>事故原因
分析</td><td colspan="6"></td></tr>
<tr><td rowspan="2">事
故
原
因</td><td>违章
作业</td><td>点巡检
不到位</td><td>检修质
量不良</td><td>安装
质量</td><td>设备先
天不足</td><td>其他</td></tr>
<tr><td></td><td></td><td></td><td></td><td></td><td></td></tr>
<tr><td>事故预防措施</td><td colspan="6"></td></tr>
<tr><td>处理意见</td><td colspan="2">车间意见</td><td colspan="2">设备科意见</td><td colspan="2">主管厂长意见</td></tr>
</table>

报告日期：

4. 班组交接

23:45 下组接班人员到位，因为卷曲室电气故障已经排除，小郑和他们进行了交接手续。

① 填写交接记录。

② 由接班人员查阅点检记录。

③ 检查钥匙、安全工具。

④ 在运行记录簿上签字，并与系统调度试验电话，互通姓名，核对时钟。

工作评价

相关工作评价如表 2-1-22 所示。

表2-1-22 工作评价

考核点	考核方式	评价标准			
		优	良	中	及格
制作工作方案（25%）	教师评价+自评	工作方案制定正确，点检思路清晰，考虑问题全面	能够制定正确的工作方案，点检思路较为清晰，考虑问题比较全面	能够制定正确工作方案，点检思路不太清晰，不能考虑全面问题	在他人帮助下制定正确的工作方案，点检思路不太清晰，不能考虑全面问题
设备点检能力（35%）	教师评价+互评	能独立完成设备点检任务，点检数据读取正确，点检表填写规范	能完成设备点检任务，点检数据读取比较正确，点检表填写规范	在教师指导下能够完成点检任务，数据读取比较正确，点检表填写规范	必须在教师指导下才能完成点检任务数据读取、点检表填写不规范
班组交接能力（20%）	教师评价+互评	班组交接顺畅，交接内容齐全，交接到位	能够正确顺畅进行班组交接，交接内容齐全，交接比较到位	能够进行班组交接，交接内容不齐全，交接比较到位	必须在教师指导下才能完成班组交接，交接内容不全面
综合表现（20%）	教师评价+自评	积极参与；独立操作意识强；按时完成任务；愿意帮助同学；服从指导教师的安排；有较强的安全意识	主动参与；有独立操作意识；在教师的指导下完成任务；服从指导教师的安排	能够参与；在教师指导下完成任务；服从指导教师的安排	能够参与；在教师的督促及帮助下完成任务；能服从指导教师的安排

简短评语：

____。

知识拓展

1. 设备点检

设备点检是指按照一定的标准、一定周期对设备规定的部位进行检查，以便早期发现设备故障隐患，及时加以修理调整，使设备保持其规定功能的设备管理方法。设备点检不仅仅是一种检查方式，而且是一种制度和管理方法。点检制度落实得好坏，从某一方面反映了企业管理运营的优劣。

设备点检制自20世纪80年代从工业先进国家引入中国，得到广泛的应用，为探索适应中国工业企业设备管理发展提供了一种有效的方法，特别对流程工业企业更具有重要性和先进性。

2. 设备点检制的特点

① 定人：要设立兼职和专职的点检员。

② 定点：明确点检部位、项目、内容和设备故障。

③ 定量：对劣化倾向的定量化测定。

④ 定周期：针对不同设备、不同设备故障点，结合生产实际，给出不同点检周期。

⑤ 定标准：对于每个点检部位应给出否是正常的判断标准。

⑥ 定点检计划表：点检计划表又称作业卡，用以指导点检员沿着规定的路线作业。

⑦ 定记录：包括作业记录、异常记录、故障记录及倾向记录。

⑧ 定点检业务流程：明确点检作业和点检结果的处理程序。例如，急需处理的问题，要通知维修人员，不急处理的问题则记录在案，留待计划检查处理。

3. 设备点检的十大要素

在设备点检过程中，点检的十大要素十分重要，成为行业标准，当然对于电气设备点检而言，电气参数的点检是不可或缺的。点检的十大要素分别是压力、温度、流量、泄漏、给脂状况、异音、振动、龟裂（折损）、磨损、松弛。

4. 设备点检的方法

主要以采取视、听、触、摸、嗅五感为基本方法，有些重要部位借助于简单仪器、工具来测量或用专业仪器进行精密点检测量，在现代化生产线上一般可借助组态软件点检。

5. 点检设备的五大要素及设备的四保持

点检设备的五大要素是紧固、清扫、给油脂、备品备件管理、按计划检修。

设备的四保持是保持设备的外观整洁、保持设备的结构完整性、保持设备的性能和精度、保持设备的自动化程度。

6. 点检员应具备的条件

① 具备一定的文化基础知识。

② 具有一定的专业设备维护经验。

③ 熟悉点检设备性能、结构和生产工艺理论的基本知识。

④ 具有一定的管理知识及能力，善于协调关联部门工作和果断处理业务中的难题。

⑤ 具有勤奋工作，吃苦耐劳，对工作高度负责的精神。

⑥ 具有对点检工作的自信心、进取心和不断改进提高自身能力，提高工作效率的创新思想。

任务二 日常维护自动化生产线

自动化生产线是企业正常生产的重要保障，由于长期处于满负荷工作状态，加之生产环境、设备使用寿命、人为等因素的影响，难免会出现设备故障、设备停运等现象，影响企业生产。因此，人们创立了设备维护的理念，用以减少设备性能劣化或降低设备失效的概率，维持生产设备的正常运转。本任务以热轧薄板生产线的日常维护为例，学习以下内容：

① 生产设备维护的重大意义。

② 生产设备维护的步骤和方法。

③ 生产设备维护的注意事项。

工作描述

××钢铁集团热轧薄板生产线采用日点检、周维护的方法，即每天进行常规设备点检，每周日集中进行检修和维护。电工小李正好周六值班，班长通知他一定要做好维护工作，并详细查验卷曲室是否有故障。

知识链接

1. 设备维护

设备维护就是指对设备进行维修和保养，具有一定的周期性，是按照事先规定的计划或相应技术条件的规定进行的技术管理措施。其目的是防止设备性能劣化和降低设备失效的概率，对企业的安全生产十分重要。

2. 设备维护理念

设备的维护修理在现代企业的管理中十分必要，如果设备只是在问题出现时才着手进行维护修理，必然会导致企业生产能力和产品品质的低下，降低企业产值。

设备的维护根据其发展的历程可以分为以下几种：

（1）事后维护

据统计，1950 年以前所进行的都是事后维护。

具体做法是：等到坏了再修理。当生产设备的停止损失可以忽略时也可以采取事后维护的方案，就现代企业而言，已经很难做到。

如果事故属于突发性的，事先难以预测，人员、材料、器材的分配和安排非常困难，可以采用事后维护的方式。还有当平均故障间隔（MTBF）非周期性、平均修复期间（MTTR）短、定期进行部件交换花费高时，也可采取事后维护。

（2）预防维护

预防维护是为了防止设备的突发故障造成的停机而采取的一种方法，是根据经济的时间间隔对部件或某个单元进行更换的维护方式。这种方法的特点是在设备发生故障之前进行维护。

预防维护过多会造成人力、物力资源的浪费，应根据事后修理费用或综合生产性和生产目标达成的情况商讨后，设定预防维护计划。

预防维护的间隔时间根据设备的规模或寿命等设定，如一年一次、半年一次、一月一次、一周一次进行定期点检或修理、更换。

（3）生产维护

20 世纪 60 年代考虑使用的是生产维护。生产维护是提高设备的生产性最经济的维护方式，是将设备运行成本或维持设备运转一切费用及设备的劣化损失结合起来，从而决定怎样去维护的一种方式。

有以下两种方式和思路：

① 改良维护：为了使设备的维护和修理更容易，不需要修理维护也可以进行设备改良，通过改善设备的生产性而对设备进行的技术改良。

② 维护预防：为了从根本上降低设备的维护费用，与其单方面考虑维护方法，更好的方法是购入时就考虑到维护的因素，有利于最大限度达到经济、有效地调试维护设备，即维护预防。

（4）全面生产维护

从 1970 年开始，就进入了由作业者组成的小团体为单位、全公司性的生产维护。

（5）预知维护

20 世纪 80 年代开始普及预知保全，预知保全是对设备的劣化状况或性能状况进行诊断，然后在诊断状况的基础上开展保养、维护活动的一种概念，其前提是尽量正确、高精度地把握好设备的劣化状况。

随着对设备的状况进行定量的把握和设备故障诊断技术的提高，人们逐渐打破传统采用时间阶段进行点检、检查和修理的维修形式，而过渡到以设备的状态为基准进行判断和应对上，形成了预知维护。以时间为基准的预知维护叫做时间基准维护或计划维护。

3. 提高设备维护的措施

① 制定设备使用规程。

② 加强按计划检修工作。

③ 制定设备操作维护规程。

④ 建立设备使用责任制。

⑤ 建立设备的维护保养制度。

4. 设备维护的具体内容

对于一个现代化工厂而言，设备维护包含高压供电设备、低压供电设备、高低压电动机、发电机及励磁整流装置、车间电缆及电缆中间头、各类电测仪表巡检项目、保护维护项目、保护自动装置维护项目、远动装置、直流系统等。

5. 大型生产线的维护维修方法

（1）同步修理法：尽量不修理生产过程中发现的故障，采取维持方法，使生产线继续生产。等到星期天，集中大修，对所有问题，同时修理，保障设备周一正常全线生产。

（2）分部修理法：如果生产线有较大问题，修理时间较长，不能用同步修理法。可利用星期天，集中修理某一部分，等到下个星期天，对另一部分进行修理。这样可保证生产线在工作时间不停产。

另外，在管理中尽量采用预修的方法。在设备中安装计时器，记录设备工作时间，应用磨损规律来预测易损件的磨损，提前更换易损件；可以把故障提前消除，保证生产线满负荷生产。

制订工作方案

本任务只是作为生产线点检的延续，热轧薄板生产线采用日点检、周维护的方法，即每天进行常规设备点检，每周日集中进行检修和维护。由于生产线设备过于庞大，下面挑选几个典型设备的维护作为任务进行学习。

① 根据班组分工，确定工作任务。

② 设备维护。

③ 工作验收。

实施工作方案

1. 根据班组分工，确定工作任务

根据班组分工，小李确定维护的设备有高压供电设备、低压供电设备、各类电测仪表巡检项目和保护、自动装置维护项目。

2. 设备维护

由于设备维护工作中涉及设备的测量、除尘等工作，因此小李带上检测仪表、红外测温枪、毛刷和常用电工工具，具体工作如表 2-2-1 所示。

表 2-2-1 设备维护工作

<table>
<tr><th>维护项目</th><th>维护周期</th><th colspan="2">维护内容</th></tr>
<tr><td rowspan="2">① 高压开关柜维护项目</td><td rowspan="2">每周一次</td><td colspan="2">① 状态显示器是否与运行工况对应</td></tr>
<tr><td colspan="2">② 电缆终端头温度</td></tr>
<tr><td rowspan="5">② 低压开关柜维护项目</td><td rowspan="5">每周一次</td><td colspan="2">① 开关柜动静触点温度</td></tr>
<tr><td colspan="2">② 主母排及分支母排温度</td></tr>
<tr><td colspan="2">③ 接触器触点温度</td></tr>
<tr><td colspan="2">④ 就地低压开关柜刀闸温度</td></tr>
<tr><td colspan="2">⑤ 低压开关柜熔断器温度</td></tr>
<tr><td rowspan="2">③ 高低压电动机</td><td rowspan="2">每周一次</td><td>① 高压电动机维护项目</td><td rowspan="2">a. 检查前后轴承温度
b. 检查本体温度
c. 检查运行中有无异音</td></tr>
<tr><td>② 重要低压电动机维护项目</td></tr>
<tr><td rowspan="7">④ 电测仪表巡检维护项目</td><td rowspan="7">每周一次</td><td colspan="2">① 检查电能表显示屏显示是否正常</td></tr>
<tr><td colspan="2">② 有功、无功脉冲是否有规律闪烁</td></tr>
<tr><td colspan="2">③ 峰、平、谷及总电量循环显示是否正常</td></tr>
<tr><td colspan="2">④ 电量采集装置电源是否交直流同时供电，运行等是否亮，故障灯是否灭</td></tr>
<tr><td colspan="2">⑤ 关口表显示电量值与电量采集装置数值是否对应一致</td></tr>
<tr><td colspan="2">⑥ 运行中的变送器输出量在 DCS 画面上显示情况</td></tr>
<tr><td colspan="2">⑦ 检查电测数显及指示仪表有无数值，数值显示是否正确</td></tr>
<tr><td rowspan="3">⑤ 保护维护项目</td><td rowspan="3">每周一次</td><td rowspan="3">保护装置维护项目</td><td>a. 保护装置是否死机，是否有花屏现象，触摸屏是否有触摸不准确现象</td></tr>
<tr><td>b. 对微机继电保护装置进行采样值检查，检查装置打印纸是否用完以及打印纸是否有卡住现象</td></tr>
<tr><td>c. 对保护时间是否同步进行检查</td></tr>
</table>

续表

维护项目	维护周期	维护内容	
⑥ 保护、自动装置维护项目	每周一次	①无纸记录仪装置维护项目	a. 拆卸、调整仪表时，应记录原来的位置，以便复原
			b. 在潮湿环境下检修无纸记录仪故障时，用万用表测印制线路各点是否畅通很有必要，因为这种情况下的主要故障是铜箔腐蚀
			c. 修理精密无纸记录仪时，如不慎将小零件弹飞，可采取磁铁扫描和视线扫描方法进行寻找
			d. 用万用表欧姆挡检测时，切记不要带电测量
			e. 检测电源中的滤波电容时，应先将电解电容器的正负极短路一下以进行放电，而且短路时不要用表笔线来代替导线，因为这样容易烧断芯线。可以取一只带灯头引线的 220 V，60～100 W 的灯，接于电容器的两端，在放电瞬间灯泡会闪光
			f. 检修无纸记录仪内部电路时，如果安装元件的接点和电路板上涂了绝缘清漆，测量各点参数时可用普通手缝针焊在万用表的表笔上，以便刺穿漆层直接测量各点，而不用大面积剥离漆层
			g. 不要带电插拔各种控制板和插头。在带电情况下，插拔控制板会产生较强的感应电动势，这时瞬间反击电压很高，很容易损坏相应的控制板和插头
			h. 检修时不要盲目乱敲乱碰，以免扩大故障，越修越坏
			j. 使用逻辑笔、示波器检测信号时，要注意不使探针同时接触两个测量引脚而形成短路
		② 励磁装置维护项目	a. 控制器是否死机，界面显示是否正常
			b. 各个指示灯显示是否正常
			c. 功率柜及灭磁柜表记显示是否正常
		③ 快切装置维护项目	a. 控制器是否死机
			b. 界面显示数据是否正常，有无花屏现象
		④ ECS 系统维护项目	a. 通信是否正常
			b. 界面显示是否正常
		⑤ NCS 系统维护项目	a. 本身通信以及与其他装置通信是否正常
			b. 计算机界面显示是否正常，数据是否刷新
			c. 事件记录及显示是否正常
⑦ 高压变频器维护项目	每周一次	① 控制器是否死机	
		② 变频器温度是否正常	
⑧ 重要低压变频器维护项目	每周一次	① 变频器是否报警	
		② 控制器是否损坏或丢失	
⑨ 检查、清扫项目	每周一次	① 高压变频器滤网清扫	
		② 仪表控制柜清扫，维护周期	
		③ 低压控制柜清扫，维护周期	

3. 工作验收

① 工作维护负责人认真进行自检，认为维护质量符合要求，向值班班长申请进行验收。

② 验收时，验收人必须仔细听取维护工作负责人对维护工作的汇报，认真审阅“维护工作卡片”或现场记录簿上施工记录、各种技术数据和试验报告，必要时对某些有疑问的重要数据进行现场实测。

③ 验收负责人如发现某些维护质量不符合标准或技术记录不全，应及时指出，由设备维护人员返工或补全，经验收负责人再次检查认可后，根据检修质量标准进行评价，并在“检修工作卡片”上签字。

工作评价

相关工作评价如表2-2-2所示。

表2-2-2 工作评价

考核点	考核方式	评价标准			
		优	良	中	及格
确定工作任务能力（25%）	教师评价+自评	能正确根据班组分工，准确确定工作任务，思路清晰	能正确根据班组分工，确定工作任务，思路清晰	能在教师的指导下，根据班组分工，确定多数工作任务	必须在教师指导下，根据班组分工，确定工作任务不准确
设备维护能力（25%）	教师评价+互评+自评	能独立完成设备维护工作，质量高，现场及设备整齐、清洁	能独立完成设备维护工作，质量较高，现场及设备比较整齐、清洁	能在教师指导下完成设备维护工作，质量较好	必须在教师指导下，能完成设备维护工作
工作验收能力（30%）	教师评价+自评+互评	测量工具使用熟练、正确；数据读取准确	能够正确使用测量工具；测量数据读取比较准确	在教师指导下能够使用测量工具进行电源参数测量；测量数据读取比较准确	必须在教师指导下才能使用测量工具进行电源参数测量；测量数据读取比较准确
综合表现（20%）	教师评价+自评	积极参与；独立操作意识强；按时完成任务；愿意帮助同学；服从指导教师的安排。有较强的安全意识	主动参与；有独立操作意识；在教师的指导下完成任务；服从指导教师的安排	能够参与；在教师经常下完成任务；服从指导教师的安排	能够参与；在教师的督促及帮助下完成任务；能服从指导教师的安排

简短评语：

____。

知识拓展

1. 提高设备维护的有效措施

（1）制定企业工人安全规范

新上岗工人要经过厂部、车间和班组三级安全教育，并经过知识考核，才能正式上岗。

（2）制定设备使用程序

电工属于特种作业范畴，操作人员须持有“两证”即经过劳动部门考核颁发的电工等级证书和安监局考核颁发的《特种作业人员操作证书》才能上岗，新上岗工人在独立使用设备前，必须经过设备结构性能、安全操作、维护保养等方面的技术知识教育和实际操作培训，并通过实际操作考试。通过上岗前的培训，可以使每个操作者对自己所操作设备的性能、特点有进一步的了解，充分适应自己的工作岗位环境。

（3）加强按计划检修工作

设备的正常使用、操作、维护很重要，但检修更重要。为了改变设备陈旧的状况和故障频发的被动局面，必须制定计划检修的相关计划。在制定计划的过程中，可根据生产线的实际特点、每个工作环节、尤其是生产线上的重要环节，例如精轧机组的运行特点，制定周期性的设备大修计划，在每月的固定时间制定设备小修计划，做到提前检修。日常检修可以合理利用节假日进行检修，做到生产、检修两不误。只有通过合理检修，减少因设备故障引起生产中断的事情发生，才能提高设备运转率，保证生产正常进行。同时加强班组、车间与设备部门的密切合作，适当多储备那些计划维修中加工周期较长的非标件，减少问题因故障检修缺少配件影响生产的问题。

（4）制定设备操作维护规程

设备操作维护规程是设备操作人员必须掌握的技术性规范，是根据设备的特点、结构及安全要求而制定的操作人员必须遵守的事项、程序、操作等。制定设备操作维护规程，便于操作者在现场能熟练掌握操作维护规程，减少了由于误操作而引起的故障，保证了设备正常的运行，为正常、连续生产打下基础，也是减少维修、提高维修效率的重要保障。

（5）建立设备使用责任制

为了加强操作工人的责任心，避免事故发生，必须制定《设备管理责任制》，实施岗位责任制，以操作工人作为设备第一责任人，不但要掌握设备的操作技能，还必须掌握设备的保养和管理知识。

操作工人须严格遵循“三好”、“四会”、“五项纪律”原则，“三好”即“管好、用好、养护好设备”；“四会”即“会使用、会检查、会维护、会排除故障”；“五项纪律”即“定人定机，遵守安全操作规程；经常保持设备整洁，按规定加油，保证合理润滑；遵守严格的交接班制度；管好工具、附件；发现异常即刻检查，并通知有关人员检查处理”。

（6）建立设备的维护保养制度

为了保持设备的正常技术运行状态，延长使用寿命，进行设备的维护是十分必要的。设备维护保养工作分为日常维护保养和定期维护保养两种。日常维护保养要求操作工人在每班中必须做到：班前检查，班中正确使用设备、注意观察、发现异常及时处理，班中清理设备，交接班时要保证设备的良好运行状态。

接班人员要查看上一班次交班人员填写相关的点检记录、运转交接班记录后进行日点检，如在点检中发现异常或上一班没处理完的故障，由交班人员进行处理，接班人员配合，处理完故障后交班人员方可离开；处理不了的问题由交班人员通知或上报有关人员处理，通知或上报后交班人员方可离开。

2. 工厂设备维护保养制度

（1）设备日常维护保养

① 设备日保：

a. 保养周期：每班 1 次，10 ～ 15 min。

b. 保养执行人：设备操作工实施，维修工检查。

c. 保养内容：对分管的设备进行一次表面擦拭、一次目视检查和加油润滑，保持设备整洁、清洁、润滑、安全。

② 设备周保：

a. 保养周期：每周1次，1个小时。

b. 保养执行人：设备操作工实施，维修工检查。

c. 保养内容：对分管的设备进行清洁维护、加油润滑、紧固、调整、除锈等，使设备清洁、润滑，保持良好的状态。

③ 设备月保：

a. 保养周期：每月1次，4个小时。

b. 保养执行人：设备操作工为主，维修工为辅，设备工程师检查。

c. 保养内容：对分管的设备进行清洁维护、加油润滑、紧固、调整、除锈；对设备汽路、气路、水路、油路进行检查；清洗规定清洗的部位，疏通油路、管路，更换或清洗油毡、滤油器；对易损坏部件进行精度检测，解决存在的问题，使设备得到全面的维护，延长设备的使用寿命。

（2）设备计划检修

① 设备小修：

a. 小修周期：设备工作达到小修时数。

b. 修理执行人：设备维修工为主，操作工为辅，设备工程师帮助并检查。

c. 修理内容：按照《设备使用维护手册》规定的小修内容执行。主要对设备故障部分进行分解检查和修理，更换或修复磨损件。

② 设备中修：

a. 中修周期：设备工作达到中修时数。

b. 执行人：设备维修工、设备工程师为主，操作工为辅，设备治理部经理和工厂治理技术人员帮助并检查。

c. 修理内容：按照《设备使用维护手册》规定的中修内容执行。对设备进行分解检查和修理，更换或修复磨损件；清洗换油；检查测试电路、电动机绕组、电器元件是否良好可靠，使设备技术状况全面达到完好标准。

③ 设备大修：

a. 大修周期：设备工作达到大修时数。

b. 执行人：工厂组织修理小组实施或请承修单位实施。

c. 修理内容：按照《设备使用维护手册》规定的大修内容执行。对设备进行全部分解检查和修理，按大修标准更换磨损件；清洗更换管路、油路、滤网、滤芯，更换润滑油、脂；对电器元件、电动机进行分解检查、测试、维护、修理；对设备外表进行除锈、板金、防护，全面恢复设备的性能，达到完好标准。

（3）设备巡查点检

① 设备日查：

a. 检查周期：每班1次。

b. 执行人：设备操作工、维修工、维修班长和设备工程师。

c. 检查内容：

- 一级巡查点检：设备操作工，按照《设备日点检表》规定的检查部位、标准，重点检查所操作的设备润滑、保养、完好、清洁维护、按章操作等情况和设备安全状况；发现问题及时处理，处理不了的要逐级上报，并认真填写《设备日点检表》，作好具体记录。

● 二级巡查点检：设备维修工，按照《设备巡查点检记录表》规定的检查内容、标准，重点检查维修工自己负责检查的部位；检查一级点检人履行点检职责情况；及时处理存在的问题，处理不了的要逐级上报，并认真填写《设备巡查点检记录表》，作好具体记录。

● 三级巡查点检：设备维修班长和设备工程师，检查一二级点检人员履行点检职责情况；检查非生产设备状况；及时处理存在的问题，处理不了的要逐级上报，并作好具体记录。

② 设备周查：

a. 检查周期：每周至少1次。

b. 执行人：设备工程师、设备治理部经理。

c. 检查内容：重点检查、解决日常反映的问题；检查一二三级点检人员履行点检职责情况；对所有生产和非生产设备进行一次全面检查，发现并解决存在的问题，如不能解决，要及时向厂领导汇报，并做好记录。

③ 设备月查：

a. 检查周期：每月至少1次。

b. 执行人：设备治理部经理、生产部经理。

c. 检查内容：重点检查、解决点检人员反映的问题；检查各级点检人员履行点检职责的情况；对所有生产和非生产设备进行一次全面检查，发现并解决存在的问题，并做好记录。

第三单元

设 备 维 修

设备的正常运行直接影响到企业的生产效益和声誉，由于工作环境的复杂性、维护不及时、工作人员的多样性、盲目地进行作业，很容易造成设备的使用故障。怎样快速检修出故障，恢复生产，降低企业的损失率，成为企业衡量员工的重要手段。

【学习目标】

- 掌握高炉运料小车的故障检修步骤与方法。
- 能分析出液压泵的故障原因，并进行检修。
- 学会高炉探尺故障的检修及处理方法。
- 会利用各种检修仪器查找振动筛断路器跳闸故障。
- 熟悉电工安全文明操作规程。

对于高炉炼铁而言，其炼铁原料如铁矿石、燃料、熔剂等都是通过高炉上料系统来完成的，高炉上料（见图3-1-1）是炼铁高炉系统中最重要的一环。根据现代化高炉的要求，上料控制系统需要实现自动上料。上料系统是保证高炉产量和产品质量的重要环节。本任务以高炉上料小车的控制电路故障为例，学习以下内容：

① 了解高炉上料系统的组成。

② 掌握高炉上料系统电气控制原理。

③ 学会维修高炉上料控制电路。

图3-1-1　高炉上料

工作描述

××炼铁厂2#高炉上料小车发生故障，致使上料小车不能动作，经现场工作人员初步检查，认为是主卷扬控制系统出现故障造成的，高炉现处于满风、休风状态，严重影响生产，亟待修理。

知识链接

1. 高炉上料系统

高炉上料系统是指从槽下供料到炉顶的设备将物料（烧结矿、焦炭等）装入炉内的全过程。高炉上料主要有上料小车和上料传动带两种方式，表3-1-1是两种上料方式的比较。

表3-1-1　上料方式的比较

上料方式	优　点	缺　点
上料小车	适合料仓与高炉距离较近，占地面积小，节省厂区面积，适于中小型高炉	上料能力有限
上料传动带	适合料仓与高炉距离较远，能连续供料，适于大型高炉	占地面积较大

高炉上料采用上料小车方式时，一般采用双料车上料，主要由主卷扬系统控制。主卷扬设备在高炉连续生产中处于不间歇的工作运行状态。

2. 高炉上料控制系统

高炉上料控制系统示意图如图3-1-2所示，大体分为两种：一是以PLC、西门子直流调速系统6RA70、两台直流电动机为核心的控制系统；另一种是以PLC、变频器、交流变频调速电动机为核心的控制系统。

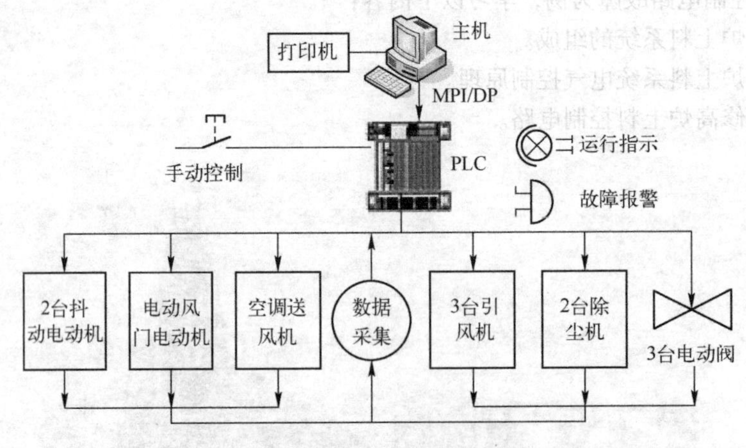

图3-1-2　高炉上料系统示意图

根据主卷扬控制系统的特点，可分为以下几个部分，电源及供电断路器、西门子直流调速系统6RA70装置、PLC系统、主卷扬电动机两台、主令开关、开关系统、抱闸制动系统。但随着变频器使用范围的不断扩大，越来越多的高炉上料系统采用第二种控制方式。

高炉生产对上料可靠性要求极高，当上料系统故障或物流不畅通时，高炉不能长时间停止生产，必须及时排除故障，使生产得以继续进行。高炉上料系统分为自动工作方式和手动工作方式。自动工作方式是以上料系统无故障、PLC控制器完好为前提，因此，上料系统除了具备自动方式外，还要保留手动、机旁、调试方式。PLC主要实现自动控制，是主要生产方式，手动方式是辅助生产方式，机旁和调试方式用于单机操作和试机。当设备出现故障或物流不畅时，上料系统转入手动生产，直到排除故障，再切换到自动生产。特别强调的是，在手动工作时，PLC也要处于运行状态，实时监测并跟踪物流信息，对物流信息采取掉电记忆，以便转入自动时，真实再现物流信息，使自动生产得以顺利进行。

3. 高炉上料工艺流程

料车生产工艺流程如图3-1-3所示，料车上料机主要包括电动机、减速机、卷筒、导轮、上料小车、斜桥导轨。料车上料机在运行过程中，两个料车交替，当装料小车上行时，空载的小车下行，这样当电动机运行时，没有空行程，同时空载小车相当于一个平衡锤，平衡了重载小车的自重，这样提高了拖动电动机效率，使得电动机总处于电动状态，相对于单斗提升，免去了电动机处于发电状态带来的一些问题。

焦炭、烧结矿等各种入炉原料由料车运到炉顶，倒入受料斗中。料罐放散完毕后打开上密阀和柱塞阀向料罐装料。装料完成后料罐进行均压。一旦高炉准备接受下一批炉料就进行布料，首先打开下密阀并将料流调节阀打开至设定开度，料罐中的炉料通过料流调节阀流到旋转的布料溜槽上。在布料期间，通过γ射线探测料流，该装置可发出料罐清空信号。一旦料罐清空，关闭料流调节阀和下密封阀，打开放散阀进行放散，准备下一次装料。

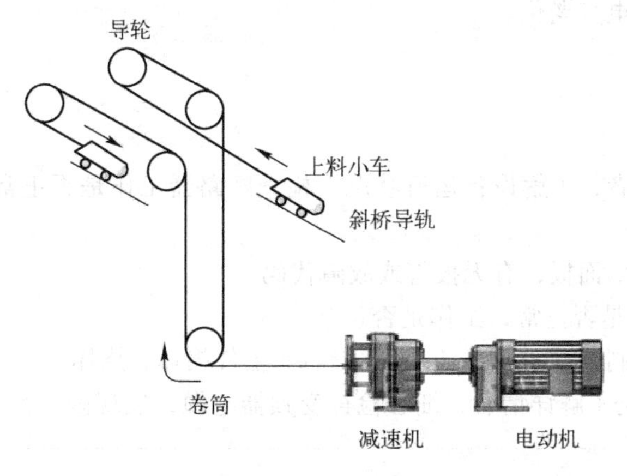

图 3-1-3　料车生产工艺流程

料车上料共分为 3 段：料坑内直线段、斜桥上直线段（一般为 47°～60°）、炉顶卸料曲线段（该段很特殊）。卸料段特殊性体现：总体为自动卸料、自动返回。具体为：

① 后车轮轮压在轨道上而不出现负轮压。

② 料车能自返，空料车能在自重作用下从曲轨的上限位置迅速返回。

③ 卸料迅速。

④ 保证卸料时料车嘴不与炉顶设备相碰。

⑤ 运行过程中牵引钢丝绳张力不急剧变化。

4. 高炉上料控制系统检修

主卷扬控制是否正常直接关系着高炉正常上料，一旦发生故障高炉只能慢风休风。据统计，炼铁 80% 左右的设备休风慢风均由主卷扬控制系统故障造成。因主卷扬不间歇工作的生产特点，不可避免出现故障。关键的问题是如何短时间内准确地判断故障点，快速分析排查故障，保证高炉稳定顺行。

制订工作方案

1. 查找故障原因

高炉上料故障不排除机械故障，但还以检查主卷扬系统及电气控制线路为主，实践证明，电气线路、设备老化也是一个故障重要原因。

2. 制订工作方案

① 根据故障现象，检查高炉小车上料系统，尤其是主卷扬系统。

② 找到故障点，进行维修，原件如果损坏应使用备用件替代。

③ 维修后的检测、运行。

实施工作方案

1. 故障原因分析

① 小车轨道机械卡死。仔细检查运料小车钢轨是否有机械卡死部位，重点检查钢轨结合部位和首尾两端。

② 主卷扬电动机发热，造成跳闸，使电源断开。

③ 变频驱动系统电气老化。

④ 行程开关故障。

⑤ PLC 通信故障。

2. 查找故障点

① 询问现场操作者，了解设备运行状况。检查断路器工作是否正常；主接触器是否正常工作。

② 检查变频器通信面板，有无报警或故障代码。

③ 检查 PLC 供电是否正常，工作是否正常。

④ 检查主卷扬控制柜（见图 3–1–4），是否有器件损坏、烧坏。

经过维修工在现场了解详情后，细心检查变频器电缆，发现因为漏电使变频器发生故障，造成本次事故。

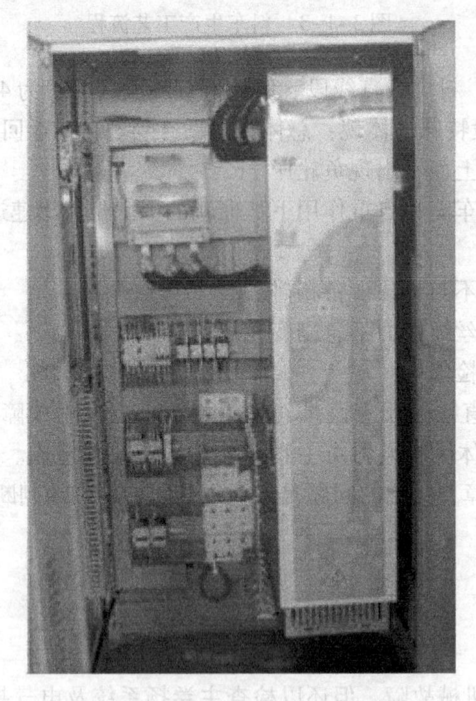

图 3–1–4　高炉小车主卷扬控制柜

3. 处理方法

维修工根据所拆电缆，查看参数和型号后，填写器件出库单（见图 3–1–5），从库房支领备用件，更换新电缆，同时清理电缆周边环境。

出 库 单　　NO：0023671

付给＿＿＿＿＿＿　　年　月　日　　类别＿＿＿＿＿编号

货号	品名	规格	单位	数量	单价	金额
负责人		仓库负责人	出库经手人	记账	合计	

三联

记账

图 3-1-5　器件出库单

4. 维修后检测、运行

维修结束后，应仔细检查变频器电缆链接是否正确、牢靠，然后启动设备，检查小车工作是否正常。

工作评价

相关工作评价如表 3-1-2 所示。

表 3-1-2　工 作 评 价

考核点	考核方式	评价标准			
		优	良	中	及格
高炉上料小车的故障原因分析能力（25%）	教师评价＋自评	根据故障现场情况，观察现象；能迅速完成故障的初步分析	通过观察故障现场的情况，能完成故障的初步分析	在教师的分析指导下，能自己完成故障的初步分析	在教师帮助和指导下完成故障的初步分析
高炉上料小车的故障点检测能力（25%）	教师评价＋互评＋自评	根据故障原因，熟练使用各种仪表进行检测，准确查找到故障点	根据故障原因，较熟练使用各种仪表进行检测，查找到故障点	根据故障原因，能使用各种仪表检测，到故障点	必须在教师指导下才能使用各种仪表进行检测
高炉上料小车的故障点处理能力（30%）	教师评价＋自评＋互评	工具使用熟练；故障点处理操作方法正确；工艺优良；有较强的安全意识	工具使用合理；操作方法正确；工艺优良；能基本完成故障点的处理	工具使用基本正确；故障点已处理，没有安全隐患问题	工具能使用；故障点处理有安全隐患
维修记录填写能力（10%）	教师评价＋互评	故障现象、故障时间记录准确清晰；原因分析记录清晰；故障点处理方法详细；维修运行监测记录	故障现象、故障时间记录准确；原因分析记录清晰；故障点处理方法简单记录	对故障现象、故障时间、故障点处理方法做简单记录	能对故障现象、故障时间、故障点处理方法做粗略记录
综合表现（10%）	教师评价＋自评	积极参与；独立操作意识强；按时完成任务；愿意帮助同学；服从指导教师的安排	主动参与；有独立操作意识；在教师的指导下完成任务；服从指导教师的安排	能够参与；在教师指导下完成任务；服从指导教师的安排	能够参与；在教师的督促及帮助下完成任务；能服从指导教师的安排

简短评语：____。

知识拓展

高炉上料主卷扬系统（使用直流调速器6RA70）故障排查要领。

1. 供电系统需满足的开机条件

（1）移相变压器

温度报警输出正常，高配综保装置正常。夏季，变压器温度常因灰尘和过高的环境温度，达到报警值，导致高配综保动作，主卷扬停机。

（2）进线断路器

合闸机构动作准确，输出电压在要求范围内，分合闸辅助开关状态指示正常。合闸机构辅助点在跳电后需人工复位才能恢复正常，否则主卷扬零压保护回路无法恢复。

2. 主机系统需满足的开机条件

（1）6RA70装置

装置内部接线正常、装置一次无短路或断路、快熔正常、励磁输出正常。装置内部线路因长期震动很容易接触不良，励磁回路因长期带电导致励磁板故障，严重的一次回路故障常导致装置内快熔烧毁。

（2）直流电动机

电枢碳刷接触良好无明显打火、电动机及电缆绝缘良好。电动机碳刷因积灰导致接触不好打火严重，引起电动机电流异常导致主卷扬故障停车。

3. 投切系统需满足的开机条件

（1）双投开关

投切方向一致、接触良好，辅助状态开关指示正常。投切开关需要注意的地方是开关投切的方向要确保准确一致，同时开关到位的辅助信号则是排查的重点，辅助信号是否正常则决定着零压回路能否正常合闸。

（2）选择开关

选择开关虽简单但作用重大，系统切换时常因遗漏选择开关而导致主卷扬无法开启。选择方向正确并匹配，接点良好。

4. 行程控制系统需满足的开机条件

（1）主令控制器

主令开关状态指示正常、灵敏、无磨损。主令开关的电气触点长期处于连续的往复动作中，磨损速度快，常发生因触点动作失灵导致的超极限报警，或产生“飞车”现象。

（2）钢丝绳松弛开关

松弛开关用来检测钢丝绳的状态，要求动作灵敏、状态指示正常。钢丝绳松弛变形时引发其动作，具有零压报警功能。

5. 抱闸制动系统需满足的开机条件

抱闸控制回路每天动作上百次，元器件磨损快、易发热，容易引起抱闸系统动作失灵。抱闸制动器要求动作灵敏，抱闸一、二次元器件正常，无发热现象。

6. 各区块接口线路

各区块之间连接线无断路、破损、接地。因高炉主卷扬地势高，行程和载荷大，电气线路时刻处于振动中。当所有的开机条件满足时，须考虑线路是否出现故障。

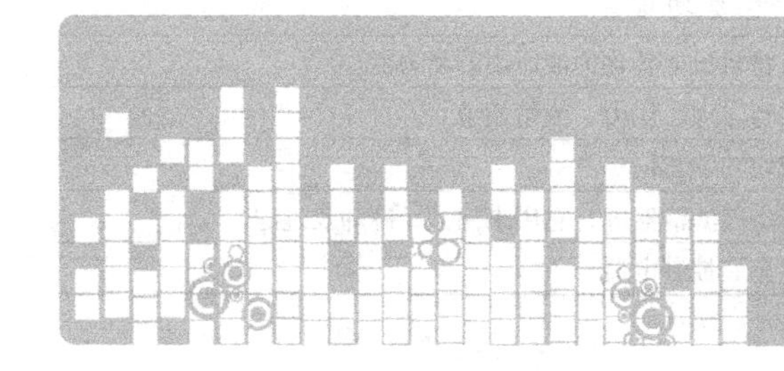

任务二

维修液压泵控制电路

液压站应用在高炉炼铁液压或矿井提升机等系统，是液压传动装置的动力源。高炉炼铁液压站主要用于上料系统各称量斗闸门的开关，及翻板机的动作和炉顶设备大、小料钟，均压、放散阀的开关。液压站系统任何一个环节发生故障，都会影响高炉的正常上料。如果短时间内不能恢复正常，就会影响高炉上料的正常操作，造成高炉上料中断被迫休风，造成重大经济损失。对于工厂电工而言，掌握液压站中液压泵控制电路十分重要。本任务以维修液压泵控制电路为例，学习以下内容：

① 正确识读液压站液压泵的工作原理图。

② 正确识读液压泵控制柜的电气原理图。

③ 能分析液压泵故障原因并查找检修。

工作描述

×月×日，三号高炉液压站（见图3-2-1）油泵突然停泵，使三号高炉的上料系统无法正常运行。厂区调度马上通知维修人员来现场进行维修，避免造成重大事故。现场工作人员马上封锁现场，等待维修人员抢修。

图3-2-1　液压站

知识链接

1. 液压站的组成

液压站是由泵装置、集成块或阀组合、油箱、电气盒组合而成，如表3-2-1所示。

表 3-2-1　液压站的组成

组成部件	主要功能
泵装置	装有电动机和油泵，是液压站的动力源，将机械能转化为液压油的动力能
集成块	由液压阀及通道体组合而成，对液压油实行方向、压力、流量调节
阀组合	板式阀装在立板上，板后管连接，与集成块功能相同
油箱	钢板焊的半封闭容器，上还装有滤油网、空气滤清器等，它用来储油、冷却及过滤
电器盒	一种设置外接引线的端子板；一种配置了全套控制电器

2. 液压站的工作原理

电动机带动油泵旋转，将液压油从油箱中吸油后打油，将机械能转化为液压油的压力能，液压油通过集成块（或阀组合被液压阀实现了方向、压力、流量调节后经外接管路传输到液压机械的油缸或油电动机中，从而控制了液动机方向、压力及速度，推动各种液压机械做功。

3. 液压站的结构形式

液压站的结构复杂、分类烦琐，常见液压站的结构如表 3-2-2 所示。

表 3-2-2　液压站的结构

分类方式	具体分类	具体说明
按泵装置的结构形式、安装位置分类	上置立式	泵装置立式安装在油箱盖板上，主要用于定量泵系统
	上置卧式	泵装置卧式安装在油箱盖板上，主要用于变量泵系统，以便于流量调节
	旁置式	泵装置卧式安装在油箱旁单独的基础上，旁置式可装备用泵，主要用于油箱容量大于 250 L，电动机功率 7.5 kW 以上的系统
按站的冷却方式分类	自然冷却	靠油箱本身与空气热交换冷却，一般用于油箱容量小于 250 L 的系统
	强迫冷却	采取冷却器进行强制冷却，一般用于油箱容量大于 250 L 的系统

4. 液压站的电气控制特点

一般液压站电气控制系统的控制柜控制油泵电动机、加载电磁阀、仪器仪表对油系统进行监测和控制。电控柜采用可编程控制器实现自动控制、保护及故障报警功能。控制器 TD-400C 调节和显示系统温度、油箱液位和系统压力。

制订工作方案

1. 查找故障原因

高炉液压站系统较为复杂，是液压传动装置的动力源。针对高炉炼铁行业液压站的故障发生几率分析，高炉液压站液压回路部分故障率较低，重点应检查液压站控制电路和关键控制器件。

2. 制订工作方案

① 查看损坏器件的相关参数。

② 使用备用件替代。

③ 维修后的检测、运行。

实施工作方案

1. 故障原因分析

① 液压泵电动机损坏或内部滑动卡死。

② 液压泵出口阀门或者溢流阀损坏堵塞，使电动机发热，造成跳闸断电。

③ 液压泵系统中密封件或阀门由于老化、龟裂、损伤造成系统漏气，引起压力下降，导致 PLC 判断停泵。

④ 液压泵控制电路出现故障，使泵电动机停止转动。

2. 查找故障点

① 询问现场操作人员，了解设备运行状况。检查液压系统工作是否正常；液压泵有无异常现象；液压油检测清洁度的时间及结果；滤芯清洗和更换情况；发生故障前是否对液压元件进行了调节；是否更换过密封元件；故障前后液压系统出现过哪些不正常现象；过去该系统出现过什么故障；故障排除方法等逐一进行了解。

② 看液压系统压力、速度、油液、泄漏、振动等是否存在问题；听液压系统声音冲击声，泵的噪声及异常声，判断液压系统工作是否正常。

③ 检查一些关键阀门，例如，观察阀门阀芯是否堵塞、溢流阀压力值是否正常。

④ 检查液压泵控制柜内控制电路（见图 3–2–2），是否有器件损坏、烧坏。

维修人员到现场后，询问在场工作人员，分析造成此次故障的原因，最终确定是油泵进口阀门行程开关烧坏所造成的，经过维修人员细心检查，发现行程开关连接导线虚连，致使接线柱发热已经烧坏。

图 3–2–2　液压站控制柜

3. 处理方法

维修工根据拆下的器件，查看参数和型号后，填写器件出库单（见图 3–2–3），从库房支领备用件，更换新器件。

4. 维修后检测、运行

维修结束后，应仔细检查行程开关是否牢靠，接线是否正确。然后启动设备，检查液压泵工作是否正常。

出 库 单 NO：0023671

付给________ 年 月 日 类别________ 编号

货号	品名	规格	单位	数量	单价	金额
负责人	仓库负责人	出库经手人	记账		合计	

三联 记账

图 3–2–3 器件出库单

工作评价

相关工作评价如表 3–2–3 所示。

表 3–2–3 工作评价

考核点	考核方式	评价标准			
		优	良	中	及格
液压泵的故障原因分析能力（25%）	教师评价 + 自评	根据故障现场情况，观察现象；能迅速完成故障的初步分析	通过观察故障现场的情况，能完成故障的初步分析	在教师的分析指导下，能自己完成故障的初步分析	在教师帮助和指导下完成故障的初步分析
液压泵的故障点检测能力（25%）	教师评价 + 互评 + 自评	根据故障原因，熟练使用各种仪表进行检测，准确查找到故障点	根据故障原因，较熟练使用各种仪表进行检测，查找到故障点	根据故障原因，能使用各种仪表检测到故障点	必须在教师指导下才能使用各种仪表进行检测
液压泵的故障点处理能力（30%）	教师评价 + 自评 + 互评	工具使用熟练；故障点处理操作方法正确；工艺优良；有较强的安全意识	工具使用合理；操作方法正确；工艺优良；能基本完成故障点的处理	工具使用基本正确；故障点已处理，没有安全隐患问题	工具能使用；故障点处理有安全隐患
维修记录填写能力（10%）	教师评价 + 互评	故障现象、故障时间记录准确清晰；原因分析记录清晰；故障点处理方法、维修运行监测记录详细	故障现象、故障时间记录准确、原因分析记录清晰，简单记录故障点处理方法	对故障现象、故障时间记录；对故障点处理方法做简单记录	能对故障现象故障时间进行记录；能对故障点处理方法做粗略记录
综合表现（10%）	教师评价 + 自评	积极参与；独立操作意识强；按时完成任务；愿意帮助同学；服从指导教师的安排	主动参与；有独立操作意识；在教师的指导下完成任务；服从指导教师的安排	能够参与；在教师指导下完成任务；服从指导教师的安排	能够参与；在教师的督促及帮助下完成任务；能服从指导教师的安排

简短评语：

____。

1. 液压站日常工作中的维护与保养

① 液压站使用时，要经常检查液压油的使用情况。保证液压站的工作环境清洁，避免任何脏物、杂质进入液压系统内。如发现油液较脏，要立即用滤油车过滤后才能继续使用。如发现油液变质，应立即更换新油。通常液压站的油液，要定期过滤、更换，一般半年过滤一次。特别注意：新油并不是真正干净的油。因为装油的油桶一般很少清洗，装油时用的抽油器上，也可能有脏物。这样即使是新油也被污染。所以，要求注入油箱的油一定要经过过滤。若条件许可，用户可以添置一台滤油小车或通过过滤精度为100目的滤油器。

② 液压站调整后，无论使用中或停止状态，任何人员不得随意拧动有关阀件的手柄，以确保提升机的正常使用。

③ 各电磁换向阀接线时，应严格按规定中的电压和电流值进行配接，并通过操作台上的相应开关反复操作几次，检查动作的灵活性、正确性、可靠性。

④ 应定期检查安全制动装置上的各阀、螺钉的连接情况。

⑤ 若更换油管，在管子焊接后，必须进行酸洗，清洁干净后，再连接。以免油管内的脏物污染整个系统的油液。

⑥ 油箱、蓄能器及其他元件清洗时，不许用棉纱等有纤维的织物清洗，最好用绸布或尼龙布清洗，也可用小麦面粉用水和好后，粘去元件和油箱壁上的脏物，同时要注意不能让面屑留在元件内。

⑦ 每个作业班都要检查各个电磁阀的换向是否灵活，可用螺丝刀推电磁换向阀的推杆，要求工作灵活，若有卡紧、卡死现象，要立即打开电磁阀清洗。在装配时，要注意阀芯的方向，不能装错。同时要定期检查阀件的安装螺钉是否有松动现象。

⑧ 液压站有双油泵电动机装置，一套工作，一套备用。一般一套油泵电动机连续使用3个月后，在日常维护与检查时应更换到另一套油泵电动机装置工作，用以检查各项性能是否正常，以免另一套油泵电动机和比例溢流阀长期不用而失灵。同时，还可以让液动换向阀动作。以免阀芯卡紧、卡死而无法换向。检查全部正常后，可以恢复到原来的那一套继续工作。

⑨ 建议用户建立工作日记，把每天的工作情况、出现的故障及原因、排除方法等，都详细地记录在工作日记中，以便工作、维修人员总结和提高维修技能。

2. 液压站常见故障

液压站常见故障解析如表3-2-4所示。

表3-2-4 液压站常见故障解析

故障现象	故障分析	处理方法
控制柜刚开机时液位报警指示灯亮	系统自检属正常现象，自检	完成后自动熄灭，无须处理
控制柜上电后面板所有指示灯不亮	若文本显示器正常点亮则为开关电源损坏	更换开关电源
	刀熔开关保险熔断或熔断器FU1熔断	检查确认无短路现象后更换
仅文本显示器和电源指示灯亮	急停开关被按下或急停开关损坏	复位急停开关或更换开关
电动机不运转或不转为三角形运转方式	检查继电器KA1、时间继电器KT1、热保护继电器FR以及接触器KM1、KM2、KM3	复位热保护继电器FR；紧固或更换松动或损坏的继电器、接触器

续表

故障现象	故障分析	处理方法
加载后压力正常指示灯不亮	系统压力调整的过低或加载电磁阀损坏	调整系统压力或检修加载阀
	系统爆管或流量太大	控制流量
	油管爆裂设置值过高	调整为稍低于系统压力
系统正常运行中突然停机	油温超高	调高 PLC 油温超高设定值或检查油冷机
	液位报警	调整 PLC 液位报警设定值或增减液压油
	PLC 发出过滤器堵塞报警	更换相应过滤器滤芯
	油管爆裂指示灯亮	检查有无油管爆裂，若无油管爆裂发生则需调低 PLC 油管爆裂设置值
	电流过大热继电器 FR 动作	检查电流过大原因后复位热保护继电器 FR

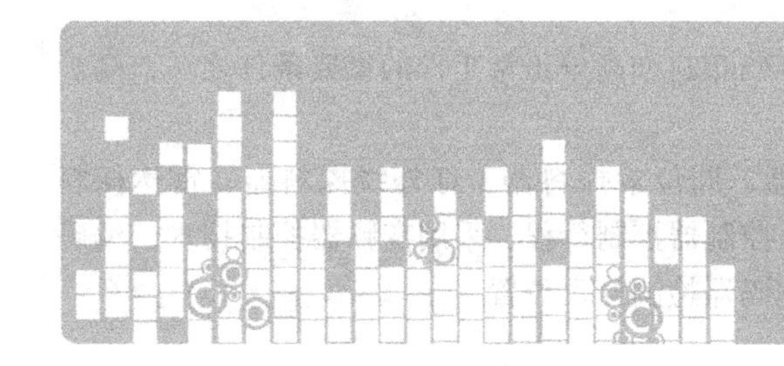

任务三 检修高炉探尺故障

探尺作为炼铁高炉上料系统的必备设施，用于探测高炉内料面的实际位置，并能够在探尺重锤达到料面后使重锤跟随料面，进而反映高炉内部原料的燃烧进度，提供准确而直观的数据，使操作人员准确判断炉况，以便更好地掌握布料时间。因此，探尺的可靠运行是高炉顺利运行的前提保障，而由于探尺的工作环境比较恶劣，经常出现故障造成停运，使高炉无法上料。怎样做到快速准确的排除故障，尽快恢复生产？本任务将介绍这方面的内容：

① 了解高炉探尺的测量原理。

② 掌握高炉探尺故障的类型。

③ 学会高炉探尺故障的快速处理方法。

工作描述

××炼铁厂，五号高炉出现故障，高炉无法上料，造成生产无法正常进行，如图3-3-1所示。工长马上通知维修工来现场处理该问题，经过维修工检查，发现其高炉探尺变频器与PLC通信中断，造成故障现象。

图3-3-1　炼铁高炉

知识链接

1. 高炉简介

高炉是炼铁的一种设施，高炉冶炼是把铁矿石还原成生铁的连续生产过程，是目前最具有规模经济的炼铁法。高炉生产系统主要包括供料系统上料、配料系统、高炉本体、热风炉、煤气净化等主要系统。

对现代高炉来说，保持稳定的料线是达到准确布料和高炉正常工作的重要条件之一，高炉实现稳定、高产，必须掌握炉喉料面的情况。

探料设备的类型较多，主要有：机械探料器、同位素探料器、红外线探料器、雷达探料器。目前，也有采用转子串电阻调速方式，主令控制器控制行程、采用变频器控制技术，编码器检测探尺位置和采用直流数控调速系统控制编码器检测探尺位置。

2. 高炉探尺工艺流程

高炉探尺用来检测高炉内矿石与焦炭等物料的料面，供冶炼操作人员观测炉内物料下放的情况，并对物料向炉内的排放进行控制。高炉探尺能够准确地指示高炉内的料面高度和分布状况，并利用电动机拖动重锤来探测料面高度。高炉探尺系统对高炉内料面的高低进行测量，并实时显示料线和料速，给出是否加料的信号。

图 3–3–2 为高炉工艺流程图，图 3–3–3 所示为探尺在炉内的工艺位置，该位置由主令控制器设定。图 3–3–4 为高炉探尺控制示意图，当探尺检测炉内的物料下放到设定的料面时，探尺自动提升到等待位，矿石与焦炭等物料依据工艺设定值向高炉炉内排放。物料排放完毕，探尺自等待位以最快速度下降至减速位，这样有利于探尺快速接近料面。一般来说，减速位居此时料面约有 10 cm，探尺到减速位后减速，以较低的速度接近料面，利于探尺平稳接近料面。探尺下放到炉内物料的料面后，探尺被物料支撑，探尺速度减至为零，随后跟随物料下放，直到再次检测到炉内的物料下放到设定的料面时，探尺自动提升到等待位，如此循环往复。所以，探尺在高炉顺行时的行程范围大约 2 m。

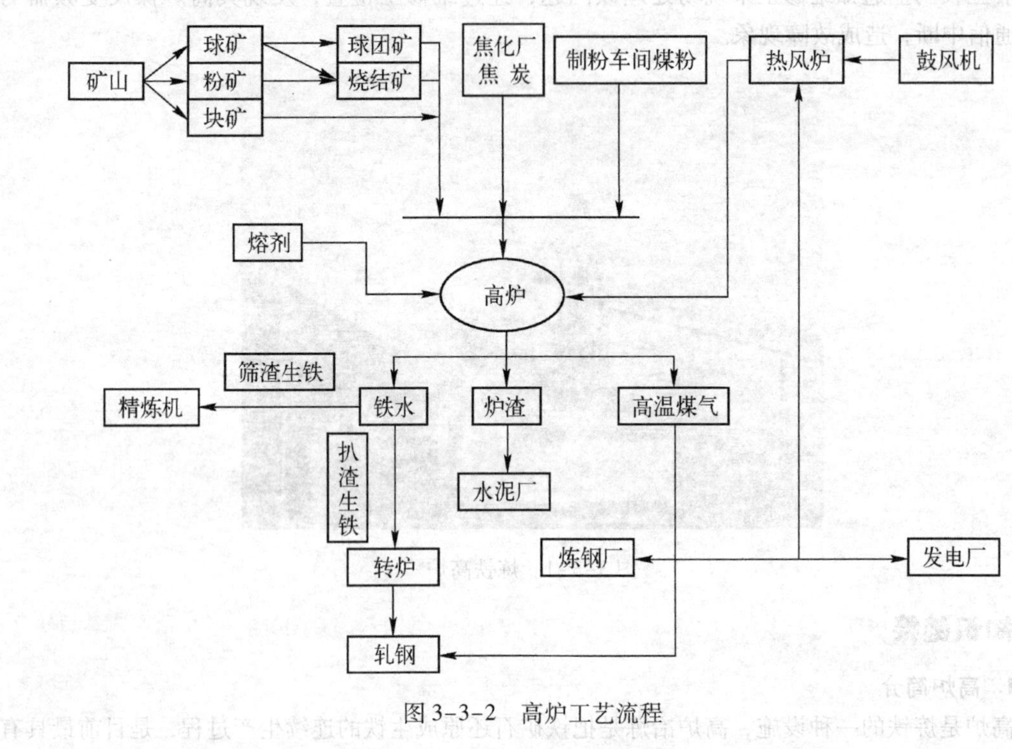

图 3–3–2　高炉工艺流程

3. 高炉探尺控制系统

图3-3-5为高炉探尺控制示意图，现代高炉探尺控制系统多采用西门子直流调速器6RA70控制直流电动机，带动卷扬机来完成。探尺的测控部分选用西门子S7－200系列的PLC组成逻辑控制单元，采用触摸屏作为人机界面，可实现探尺运行数据的动态显示。采用绝对型位置编码器可实现系统掉电情况下的位置记忆，系统输出当前料位及料速4～20 mA标准信号，可供上位机显示使用，同时还输出到料线、到零点、到下限的干结点信号。因此，可以非常方便地与可编程控制器（PLC）或集散系统（DCS）连为一体，从而完成高炉主控与现场产品的完美结合。

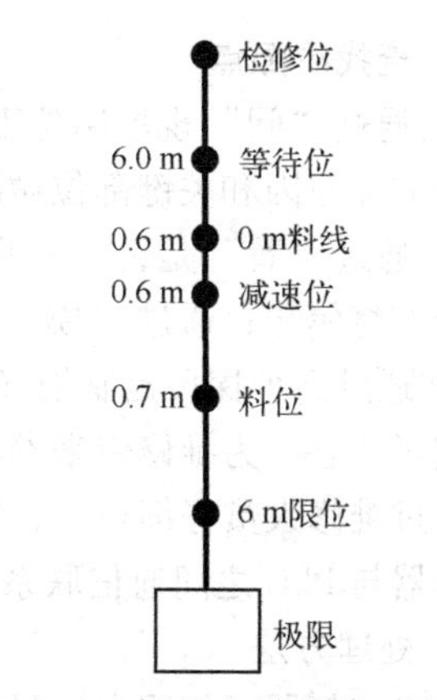

图3-3-3　探尺在炉内的工艺位置

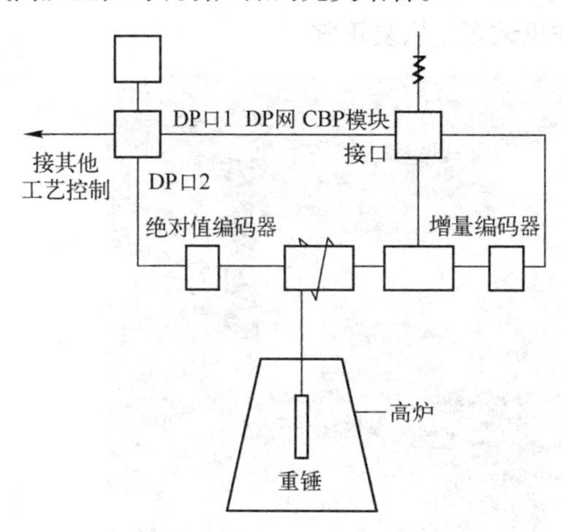

图3-3-4　高炉探尺控制示意图

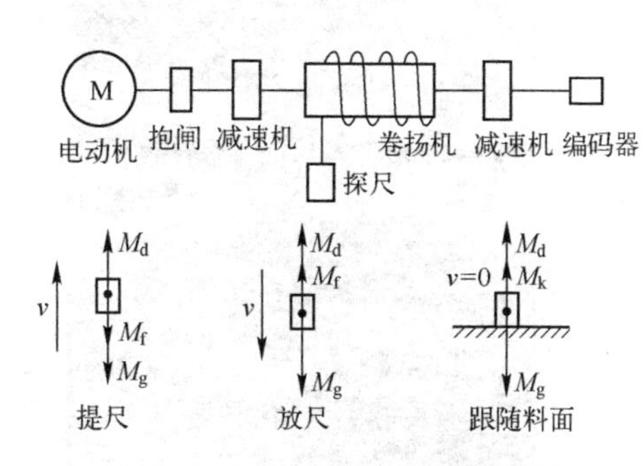

图3-3-5　高炉探尺控制示意图

制订工作方案

1. 查找事故原因

维修人员到场发现变频器与PLC通信中断，所以重点查找变频器与PLC通信相关联的线路和器件。

2. 制订工作方案

① 分析高炉无法上料，可能出现故障现象的位置和器件。

② 检查可能出现故障的关键位置和器件。

③ 故障的处理。

④ 维修后的检测、运行。

实施工作方案

1. 故障原因分析的种类

① 通信回路通信错误。

② 提尺、放尺程序故障。

③ 机械传动卡阻，出现跟随差，造成故障。

④ 由于工作环境恶劣，造成电动机损坏，引起控制装置故障。

2. 查找故障点

① 通过“问”现场岗位工作人员，了解设备使用情况，询问故障发生之前的征兆，为快速找出故障原因和关键部位做准备。

② 通过“看”是否有一些关键器件已经损坏或者爆裂、烧毁；通过“闻”系统中一些器件是否有烧焦味；通过“摸”一些器件是否非常烫手，为快速找到故障点提供捷径。

③ 通过高炉探尺控制柜（见图 3-3-6），来监测读取变频器的 r 参数，观察系统各种实际值与实际状态，为维修带来参考，检查提放尺程序。

经过维修人员仔细检查，发现故障原因是变频器通信中断引起的，经查找线路，最后确定是变频器与 PLC 之间通信联系的通信网卡损坏。

3. 处理方法

取出变频器通信网卡（见图 3-3-7），采用替代法，找到型号一致的网卡，对造成故障的变频器通信网卡进行更换后，将参数设定正确，联机试车，恢复正常。

图 3-3-6　高炉探尺控制柜

图 3-3-7　变频器通信网卡

4. 维修后检测、运行

重新启动，设备运行正常，经过一个小时的运行检测后，没有再次出现故障，说明故障已经排除。

工作评价

相关工作评价如表 3-3-1 所示。

表 3-3-1　工 作 评 价

考核点	考核方式	评价标准			
		优	良	中	及格
高炉探尺的故障原因分析能力（25%）	教师评价 + 自评	根据观察故障现场情况，能迅速完成故障的初步分析	通过观察故障现场的情况，能完成故障的初步分析	在教师的分析指导下，能自己完成故障的初步分析	在教师帮助和指导下完成故障的初步分析

续表

考核点	考核方式	评价标准			
		优	良	中	及格
高炉探尺的故障点检测能力（25%）	教师评价＋互评＋自评	根据故障原因；熟练使用各种仪表进行检测，准确查找到故障点	根据故障原因，较熟练使用各种仪表进行检测，查找到故障点	根据故障原因，能使用各种仪表检测到故障点	必须在教师指导下才能使用各种仪表进行检测
高炉探尺的故障点处理能力（30%）	教师评价＋自评＋互评	工具使用熟练；故障点处理操作方法正确；工艺优良；有较强的安全意识	工具使用合理；操作方法正确；工艺优良；能基本完成故障点的处理	工具使用基本正确；故障点已处理，没有安全隐患问题	工具能使用；故障点处理有安全隐患
维修记录填写能力（10%）	教师评价＋互评	故障现象、故障时间记录准确清晰；原因分析记录清晰；故障点处理方法、维修运行监测记录详细	故障现象、故障时间记录准确、原因分析记录清晰、故障点处理方法简单记录	记录故障现象、故障时间；简单记录故障点处理方法	能记录故障现象、故障时间；粗略记录故障点处理方法
综合表现（10%）	教师评价＋自评	积极参与；独立操作意识强；按时完成任务；愿意帮助同学；服从指导教师的安排	主动参与；有独立操作意识；在教师的指导下完成任务；服从指导教师的安排	能够参与；在教师经常下完成任务；服从指导教师的安排	能够参与；在教师的督促及帮助下完成任务；能服从指导教师的安排

简短评语：

____。

知识拓展

高炉探尺常见故障处理。

1. 电源合不上

① 首先，要观察探尺钢丝绳是否已过位，如果过位了，打开探尺主令控制器，探尺下降到提尺超限闭合时，电源接触器才能够闭合。

② 检查电源接触器的线圈两端是否有220 V电压，如果有，电源立即合上。如果没有电压，进火线端有电，则确定是零线已断，把零线接好。如果线圈不通，说明线圈烧坏、烧断，更换线圈。如果只有点动，不能够自锁，检查触点是否接触良好，接触不好，更换新触点。

③ 检查空气开关是否本身老化，或者电源接触器主回路是否短路或熔焊，确实有问题，更换空气开关或接触器。

④ 检查电源空气开关是否跳闸，有电，合闸。无电，查明停电原因并处理好。

⑤ 检查探尺主令控制器内电源线是否接地，以及控制回路线是否破损、受潮、相间短路，查明原因后，再仔细处理好。

2. 提尺的故障

① 首先到卷扬房机旁柜上把转换开关打到机旁位置。检查转换开关这对触点，是否良好，如果不通，更换转换开关；如果正常，柜上机旁操作中间继电器线圈得电闭合；如果线圈故障，更换中间继电器。

② 如果上述正常，检查主令控制器内提尺极限触点是否处于闭合状态。如果处于断开位置，探尺是否过位，如果过位，放尺到使提尺极限处于闭合状态。

③ 检查热继电器常闭触点是否断开，如果断开，立即复位。

④ 按下机旁提尺按钮，机旁中间继电器线圈得电闭合，自锁触点同时闭合，检查提尺接触器是否闭合，同时抱闸接触器线圈是否有 220 V 电压，如果有，同时工作。提尺到零位后，提尺极限断开，放尺极限闭合，如果没有电压，说明线圈已坏或零线已断，需更换线圈把零线恢复正常。

⑤ 机旁提尺正常后，打到中央操作。

3. 放尺故障

① 首先，必须到卷扬房机旁柜上把转换开关打到机旁位置。检查转换开关这对触点是否良好，如果不通，更换转换开关，正常情况下，柜上机旁操作中间继电器线圈得电闭合，如果线圈故障，更换中间继电器。

② 如果上述正常，只要按下机旁放尺按钮，自锁触点已闭合。

③ 检查提尺主令控制器内放尺极限触点是否闭合良好。

④ 检查放尺接触器线圈两端是否有 220 V 电压，如果有，那么接触器闭合，放尺抱闸有 380 V 三相电压，抱闸动作，放尺工作。

⑤ 检查抱闸线圈是否接地、短路，如果是，则立即更换抱闸。

⑥ 机旁正常后再打到中央操作。

任务四 称量振动筛断路器跳闸检修

筛分设备是矿山、选矿、选煤、建材、冶金、化工等部门所必需的重要设备，其性能好坏直接影响生产能力和技术经济指标。称量振动筛如图 3-4-1 所示。振动筛具有稳定可靠、消耗少、噪声低、寿命长、振型稳、筛分效率高等优点，并且结构简单，易于安装，因此被广泛用于矿山、煤炭、冶炼、建材、耐火材料、轻工、化工、医药、水泥等诸多行业中。因此，正确使用筛分设备及有效排除故障非常必要。

图 3-4-1　称量振动筛

在重工业生产设备中，振动筛是问题较多、维修量较大的设备之一。而振动筛断路器跳闸是在设备使用过程中经常出现的故障现象。本任务针对这个故障，学习以下内容：

① 了解振动筛断路器跳闸故障的几种原因。

② 了解振动筛断路器跳闸故障的处理办法。

③ 学会利用各种检测仪器查找故障点。

工作描述

某炼铁厂地面选料系统粉料经一次筛分后，通过反坡传动带提升至五楼二次筛分系统，然后进入四楼条型振动筛，其筛下产品再经三楼振动筛后，通过转载传动带运至地面煤场。工人陆某在接到班长开始工作指令后，打开称量振动筛，在设备工作不到一小时后发现三号称量振动筛突然停止工作，经检查发现三号振动筛的断路器发生跳闸事故，马上向当班维护人员汇报。

知识链接

1. 振动的应用

在很多情况下不可避免地会遇到各种各样的振动现象。振动会产生噪声污染、降低机器寿命，强烈的振动还可能造成人员和建筑物的伤害。但是某些振动却是有益的，利用振动原理，人们制作了大量振动机械，广泛地应用在矿山、冶金、化工厂、农业生产和加工厂中，例如物料的筛选、物料的脱水冷却和干燥、物料的粉磨、松散物料的成型、物件的清理、建筑振捣棒、打夯机、各种选料机等。图 3-4-2 和图 3-4-3 所示为直线振动筛和圆振动筛。

图 3-4-2　直线振动筛

图 3-4-3　圆振动筛

2. 振动筛的结构

振动筛通常由激振器、工作机体或平衡机体、弹性元件（弹簧）三部分组成，如表 3-4-1 所示。

表 3-4-1　振动筛的结构

组成部分名称	作　用	说　明
激振器	用以生产周期变化的激振力，使工作机体产生持续的振动	惯性式、弹性连杆式、电磁式、液压式和气动式、凸轮式等
工作机体或平衡机体	工作机体完成工艺过程、平衡架、平衡惯性力，起保护作用	输送槽、箱体、台面、平衡架体等
弹性元件（弹簧）	隔振弹簧（其作用是支撑振动质体，使机体实现所需要的振动，并减小传给地基或结构架的动载荷）、主振弹簧（即共振弹簧）	弹性强度高

3. 振动筛的分类

振动筛的分类形式很多，按照工作体来分，可分为 4 种，如表 3-4-2 所示。

表 3-4-2　振动筛按工作体分类

名　称	特　点	说　明
滚轴筛	工作面由横向排列的一根根滚动轴构成，轴上有盘子，细粒物料就从滚轴或盘子间的缝隙通过。大块物料由滚轴带动向一端移动并由末端排出	选矿厂一般很少用
固定筛	工作部分固定不动，靠物料沿工作面滑动而使物料得到筛分。生产率低、筛分效率低，一般只有 50%～60%	选矿厂应用较多
圆筒筛	工作部分为圆筒形，整个筛子绕筒体轴线回转，轴线在一般情况下装成不大的倾角。物料从圆筒的一端给入，细级别物料从筒形工作表面的筛孔通过，粗粒物料从圆筒的另一端排出。转速很低、工作平稳、动力平衡好。但是其筛孔易堵塞、筛分效率低、工作面积小、生产率低	选矿厂很少用到
平面运动筛	机体在一个平面内摆动或振动，按其平面运动轨迹又分为直线运动、圆周运动、椭圆运动和复杂运动。摇动筛和振动筛属于这一类	应用广泛

振动筛按产生振动的方法不同（即激振器产生激振力的原理不同）可分为偏心振动筛（也叫半振动筛）、惯性振动筛和电磁振动筛 3 种。惯性振动筛结构简单、工作性能好、发展很快、结构日趋完善、性能越来越好。圆振动筛和直线振动筛都属于惯性振动筛。

4. 振动筛的工作原理

振动筛工作时，两台电动机同步反向放置使激振器产生反向激振力，迫使筛体带动筛网做纵向运动，使上面的物料受激振力而周期性向前抛出一个射程，从而完成物料筛分作业。相对于摇动筛而言，它是以曲柄连杆机构作为传动部件，电动机通过传动带和带轮带动偏心轴回转，借助连杆使机体沿着一定方向作往复运动。

5. 振动筛的电气控制特点

摇动筛控制简单，一般只需一台电动机即可，振动筛要求两台电动机转速相同，但转向相反，故控制较为复杂，大多采用变频器控制。

制订工作方案

1. 查找事故原因

抢修人员到场排除振动电动机轴承损坏原因，初步判断振动电动机的出线电缆破皮，有漏电现象。

2. 制订工作方案

① 分析振动筛断路器跳闸故障的原因。

② 查找故障电缆的破损处。

③ 对破损电缆进行维修或更换。

④ 维修后的检测、运行。

⑤ 填写维修记录报告单。

实施工作方案

1. 称量振动筛断路器跳闸故障原因

① 振动电动机空气开关，过电流保护器容量不符或老化。

② 轴承损坏或者缺油卡涩，产生过负荷跳闸。

③ 振动电动机电源有问题或者是断路器老化。

④ 振动电动机的磁回路性能下降，造成电流过大。

⑤ 振动电动机的出线电缆破皮，有漏电现象。

断路器跳闸是一种十分常见的电路保护现象，主要与电气设备、电气线路漏电有关。

2. 查找故障点

① 查看空气开关是否因长时间工作已经老化，经过检查完好，没有问题。

② 检查电动机轴承是否损坏，或者由于缺油转动不灵活堵转，引起电流变化，导致跳闸，检查也没有问题。

③ 检查各处连接线，发现除电动机处连接线有破损外，其他部位完好，初步判断为漏电引起空气开关跳闸。

3. 处理方法

① 此称量振动筛为两台电动机驱动，经现场检查，为振动筛左侧电动机接线盒端子处电缆破损。将原有电缆拆除，拆除时需要注意电动机3个端子的接法。

② 填写电缆出库单，支领相应电缆，如图3-4-4所示。

出　库　单　NO：0023671

付给＿＿＿＿＿＿　年　月　日　类别＿＿＿＿＿＿编号

货号	品名	规格	单位	数量	单价	金额
负责人	仓库负责人	出库经手人		记账		合计

三联

记账

图3-4-4　电缆出库单

③ 将原有电动机更换一条新电缆，接线时注意电缆接头的牢靠性。

4. 维修后检测、运行

设备重新启动，观察振动筛的运行情况，注意观察电动机的转向，如出现错误，及时调整。通电后设备运行正常，连续工作运行一小时以上，同样故障没有出现，说明故障已经排除。

5. 填写维修报告单

填写内容略。

工作评价

相关工作评价如表3-4-3所示。

表3-4-3　工 作 评 价

考核点	考核方式	评价标准			
		优	良	中	及格
称量振动筛的故障原因分析能力（25%）	教师评价＋自评	根据故障现场情况，观察现象；能迅速完成故障的初步分析	通过观察故障现场的情况，能完成故障的初步分析	在教师的分析指导下，能自己完成故障的初步分析	在教师帮助和指导下完成故障的初步分析

续表

考核点	考核方式	评价标准			
		优	良	中	及格
称量振动筛的故障点检测能力（25%）	教师评价+互评+自评	根据故障原因，熟练使用各种仪表进行检测，准确查找到故障点	根据故障原因，较熟练使用各种仪表进行检测，查找到故障点	根据故障原因，能使用各种仪表检测到故障点	必须在教师指导下才能使用各种仪表进行检测
称量振动筛的故障点处理能力（30%）	教师评价+自评+互评	工具使用熟练；故障点处理操作方法正确；工艺优良；有较强的安全意识	工具使用合理；操作方法正确；工艺优良；能基本完成故障点的处理	工具使用基本正确；故障点已处理，没有安全隐患问题	工具能使用；故障点处理有安全隐患
维修记录填写能力（10%）	教师评价+互评	故障现象、故障时间记录准确清晰；原因分析记录清晰；故障点处理方法、维修运行监测记录详细	故障现象、故障时间记录准确、原因分析记录清晰、简单记录故障点处理方法	记录故障现象、故障时间；简单记录故障点处理方法	能记录故障现象、故障时间、粗略记录故障点处理方法
综合表现（10%）	教师评价+自评	积极参与；独立操作意识强；按时完成任务；愿意帮助同学；服从指导教师的安排	主动参与；有独立操作意识；在教师的指导下完成任务；服从指导教师的安排	能够参与；在教师经常下完成任务；服从指导教师的安排	能够参与；在教师的督促及帮助下完成任务；能服从指导教师的安排

简短评语：

____。

知识拓展

1. 振动筛的其他故障处理办法

① 整体筛子不工作。此时可断开面板开关检查电源，220 V交流电压是否正常，检查断路器是否正常，然后检查第15个继电器是否正常，一般情况是断路器和面板开关接触不好。

② 整体筛子有一路或几路不工作。处理方法是用万用表测量电源相线与该路晶闸管阳极之间的电阻，正常时应小于1 Ω；当整体筛子有一路或几路不工作时，如果电路不通，应检查熔丝、电流表、电磁线圈，看其是否处于开路状态，然后检查晶闸管控制柜到电磁线圈的输出线是否开路，控制柜调节电位器是否开路或者处于最小状态。

③ 整体控制柜的一路或几路不工作，报警灯亮。检查此路的熔丝是否熔断，晶闸管是否破损或者短路，电磁振线圈是否烧坏。

④ 电路中某一路的电流不稳定或者偏小。

在保障电磁振线圈调节正常的情况下，检查此路可控硅和接线排是否接触不好，控制柜上的调节电位器或者限幅电位器是否接触不良，实际操作中与可控硅电参数变化有很大关系。

⑤ 某一路有金属撞击声。

此时应检查电磁线圈的气隙是否正常，一般属电流过大导致，电流过大时适当调节限幅电位器，最大不大于2.5～3.0 A，还要仔细调节电磁铁与衔铁板面平行，然后检查电磁线圈衔铁、振动臂有无松动。

⑥ 不强振或者振动幅度不大。出现不强振时，检查电脑板输出端二极管是否被击穿，若输出有一路二极管被击穿，就可造成整体筛子不强振。另外，也应检查电脑面板上的两个调节旋把是否调节到位，是否开路；若振动幅度不大，则应检查筛子是否严重磨损，振动臂是否卡死，转动轴是否断裂，电磁振荡器上下磁铁是否平衡。

2. 振动机械的日常保养

① 启动前：检查粗网及细网有无破损；每一组束环是否紧锁。

② 启动时：注意有无异常杂声；电源是否稳定；振动有无异状。

③ 使用后：每次使用完毕即清理干净定期保养。

④ 电动机运行两周左右，必须适时地补充一次锂基润滑脂（ZL－3）。累计运行 1 500 h，检查轴承，若损坏时立即更换。

第四单元

突发事件处理

在实际生产、生活中，设备经常会出现各种各样的突发事件，为了把突发事件带来的损失减至最低，需要快速临时抢修，丰富的经验、扎实的专业知识是处理突发事件的前期保证。

【学习目标】

- 掌握低压电缆故障检修方法，完成电缆故障检修。
- 了解高压电缆故障原因及检修方法。
- 学会正确处理高炉 TRT 发电高压柜放炮起火事故。
- 熟悉电工安全文明操作规程。

任务一 处理低压电缆短路事件

随着电力、能源行业的飞速发展，各种电缆越来越多地运用到生产、生活的各个领域，且一般埋入地下或进入电缆沟敷设。当电缆发生故障后，如何快速准确地查找故障点，尽快恢复供电，是长期困扰我们的难题。本任务以处理常见的低压电缆短路事件为例，学习如下内容：

① 了解低压电缆故障的类型。

② 了解低压电缆故障的判断和检测办法。

③ 学会利用各种检测仪器检修出故障点。

工作描述

在××轧钢厂窄带钢生产车间外，从箱式变压器低压空气开关引出一根 VV22－4×240 铜芯电缆至生产车间进行供电，自2009年底投入运行以后一直运行正常。由于近期生产需求旺盛，导致用电负荷过重，造成车间内空气开关下接头发热，使空气开关6 h内跳闸两三次。经过故障分析判断，对200 A空气开关进行更换处理后供电正常。不料3个月后该故障重新显现，并使箱式变压器控制 VV22－4×240 的400 A空气开关也跳闸，之后400 A空气开关一送电就跳闸，造成车间断电无法生产。

知识链接

电线电缆是指用于电力、通信及相关传输用途的材料，电缆的英文为 Electric Cable 或 Power Cable，它是由一根或多根相互绝缘的导体外包绝缘和保护层制成，能够将电力或信息从一处传输到另一处的导线；它也可以定义为由一根或多根相互绝缘的导电线心置于密封护套中构成的绝缘导线。

电线和电缆并没有严格的界限。通常将芯数少、产品直径小、结构简单的产品称为电线，没有绝缘的称为裸电线，其他的称为电缆。常见的电缆和电线如图 4-1-1、图 4-1-2 所示。

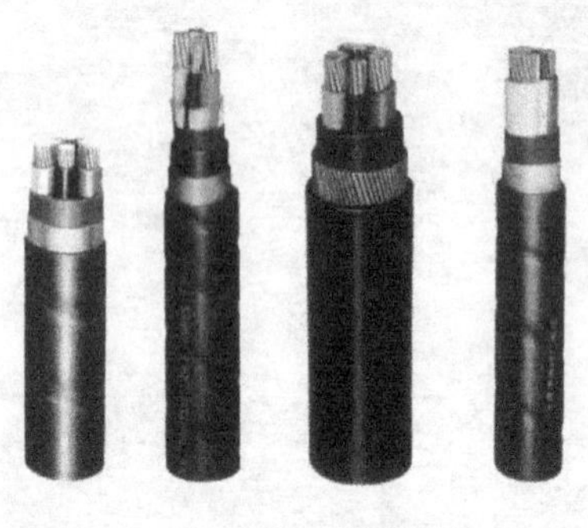

图 4-1-1　电缆

图 4-1-2　电线

电缆主要由导电线芯、绝缘层、密封护套、保护覆盖层4部分组成，如表4-1-1所示。

表4-1-1 电缆的组成

名 称	组成部分	具体说明
导电线芯	高电导率材料（铜或铝）	根据敷设使用条件对电缆柔软程度的要求，每根线心可能由单根导线或多根导线绞合而成
绝缘层	采用油浸纸、聚氯乙烯、聚乙烯 、交联聚乙烯、橡皮等	具有高的绝缘电阻、高的击穿电场强度、低的介质损耗和低的介电常数
密封护套	采用铅或铝挤压密封护套	保护绝缘线心免受机械、水分、潮气、化学物品、光等的损伤
保护覆盖层	采用镀锌钢带、钢丝或铜带、铜丝等作为铠甲包绕在护套外（称铠装电缆）	用以保护密封护套免受机械损伤，铠装层同时起电场屏蔽和防止外界电磁波干扰的作用，外面涂以沥青或包绕浸渍黄麻层或挤压聚乙烯、聚氯乙烯套

电缆按电压等级分为弱电电缆450/750 V及以下、低压电缆0.6/1 kV、中压3 ～ 35 kV、高压35 ～ 110 kV，以及超高压110 ～ 750 kV，本任务中使用的为低压电力电缆。

电力系统采用的电线电缆产品主要有架空裸电线、汇流排（母线）、电力电缆、塑料线缆、油纸电缆（很少使用）、橡套线缆、架空绝缘电缆、分支电缆（取代部分母线）、电磁线以及电力设备用电气装备电线电缆等。

电缆按其用途可分为电力电缆、通信电缆和控制电缆等。

传统电力输送、分配都是靠架空线，电缆与之相比优势明显，主要表现在线间绝缘距离小、占地空间小，采用地下敷设方式，不受周围环境污染影响，送电可靠性高，对人身安全和周围环境干扰小。但其缺点也很多，如造价高，施工、检修均较麻烦，制造也较复杂。因此，电缆多应用于人口密集和电网稠密区及交通拥挤繁忙处，在过江、过河、海底敷设时则可避免使用大跨度架空线。在需要避免架空线对通信干扰及其他必需场合也可采用电缆。

电缆线路常见的故障有机械损伤、绝缘损伤、绝缘受潮、绝缘老化变质、过电压、电缆过热故障等，如表4-1-2所示。当线路发生上述故障时，应切断故障电缆的电源，寻找故障点，对故障进行检查及分析，然后进行修理和试验，待故障消除后，方可恢复供电。电缆故障最直接的原因是绝缘降低而被击穿。

表4-1-2 电缆事故原因统计表

事故原因	具体说明
超负荷运行	长期超负荷运行，将使电缆温度升高，绝缘老化，以致击穿绝缘，降低施工质量
电气方面	电缆头施工工艺达不到要求，电缆头密封性差，潮气侵入电缆内部，电缆绝缘性能下降；敷设电缆时未能采取保护措施，保护层遭破坏，绝缘降低
土建方面	工井管沟排水不畅，电缆长期被水浸泡，损害绝缘强度；工井太小，电缆弯曲半径不够，长期受挤压外力破坏
腐蚀	保护层长期遭受化学腐蚀或电缆腐蚀，致使保护层失效，绝缘降低
电缆本身或电缆头附件质量差，电缆头密封性差，绝缘胶溶解，开裂	线路相间电容、对地电容与配电变压器励磁电感构成谐振回路，形成铁磁谐振，导致出现线路断线故障

电缆故障一般定义为无损坏故障、开路故障、短路故障。电缆常见故障分为开路故障、低阻故障和高阻故障3种类型。

1. 开路故障

若电缆相间或相对地绝缘电阻达到所要求的规范值，但工作电压不能传输到终端；或虽终端有电压，但负载能力较差，或绝缘电阻为无穷大时，即为开路故障。

2. 低阻故障

电缆相间或相对地绝缘受损，其绝缘电阻小到能用低压脉冲法测量的一类故障。当绝缘电阻小于 10 kΩ 时，为短路故障，也称为低阻故障。

3. 高阻故障

电缆相间或相对地绝缘损坏，其绝缘电阻较大，当绝缘电阻大于 100 kΩ 时，不能用低压脉冲法测量的一类故障。它是相对于低阻故障而言的，包括泄漏性高阻故障和闪络性高阻故障两种类型。

电缆故障的探测一般要经过诊断、测距、定点 3 个步骤。

电缆故障测距又叫粗测，在电缆的一端使用仪器确定故障距离。

电缆故障定点又叫精测，即按照故障测距结果，根据电缆的路径走向，找出故障点的大体方位，在一个很小的范围内，利用放电声测法或其他方法确定故障点的准确位置。

所谓诊断电缆故障的性质，就是指确定：故障电阻是高阻还是低阻；是闪络还是封闭性故障；是接地、短路、断线，还是它们的混合；是单相、两相，还是三相故障。

电缆故障测距普遍采用行波测距法。低阻与断路故障采用低压脉冲反射法，它比电桥法简单直接；测量高阻与闪络性故障采用脉冲电流法。

电缆故障的精确定点是故障探测的关键，目前比较常用的方法是冲击放电声测法及主要用于低阻故障定点的音频感应法。

制订工作方案

1. 查找事故原因

维修人员根据事故现场情况仔细分析，初步判断地埋 240 mm² 出现相间短路，将低压电力电缆两端接头拆下，使用 XC－903 电缆故障测试仪进行检测，确认为低压电缆短路。

2. 制订工作方案

① 分析造成地埋 240 mm² 电缆短路故障的原因。

② 查找故障电缆的短路、接地点。

③ 填写事故报告单。

④ 低压电缆的维修。

⑤ 维修后的检测、运行。

实施工作方案

1. 故障原因分析

① 绝缘热老化：电缆使用时间长或经常超负荷运行，导致导体外绝缘皮的绝缘热老化，如绝缘发黑、枯焦、酥脆、剥落等，降低或丧失绝缘强度而引起电击穿，导致导线之间短路。

② 机械性损伤：电缆放入地埋电缆沟内，填埋以后，其他施工队要放地埋通信、水管、天然气管，重复开挖，人工或机械挖掘时用工具直接将电缆内外绝缘损伤。在损伤初期，并没有造成电缆导线之间的短路，所以空气开关并不会跳闸。但在长时间运行后，随着负荷的增大，电缆导线绝缘被腐蚀，绝缘降低造成导线之间短路。

③ 电缆质量问题：由于电缆在出厂时，某一点处导线内绝缘层非常薄，未能达到质量要求，施工前试验不仔细，在经过长时间、大负荷运行后，导线绝缘降低造成导线之间短路。

④ 施工不当：在放电缆时没有考虑到电缆所承受的转角度，造成电缆强力扭伤运行后，随着负荷的增大或减小，导致电缆绝缘被扭拉开裂，最后降低绝缘而造成电缆短路。

2. 查找故障点

采用“声磁信号同步接收定点法”，通过高压信号发生器，给故障电缆加上一个幅度足够高的冲击电压，使故障点发生闪络放电，产生相当大的“啪、啪”放电声，同时，会在电缆的外皮与大地形成的回路中感应出环流来，这一环流在电缆周围产生脉冲磁场。用一个包含接地麦克风接收器和耳机的听音装置在地面探测，距离越近闪络声就越大。在监听声音信号的同时，接收到脉冲磁场信号，判断该声音是由故障放电产生的，在故障点位置能控测到闪络声的最大值，判断故障点就在附近。

该故障点在电缆的上方两相火线短路，（见图 4–1–3），而电缆的上方是通信管道。电缆没有套管或盖砖保护，由此可以判断是重复开挖受损，经过近两年长时间腐蚀而造成短路。经检测故障点发现，距离箱式变压器 20 m 处。

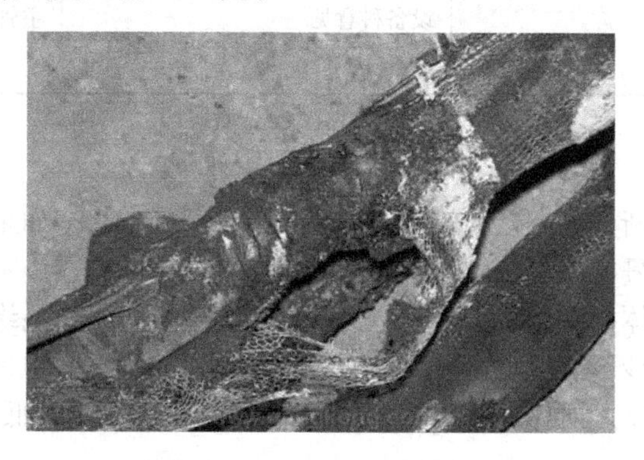

图 4–1–3　低压电缆短路

3. 填写事故报告单

设备事故报告单如表 4–1–3 所示。

表 4–1–3　设备事故报告单

车间名称：

<table>
<tr><td>事故分析人</td><td colspan="5"></td></tr>
<tr><td>设备名称</td><td></td><td>规格型号</td><td></td><td>使用位置</td><td></td></tr>
<tr><td colspan="6">事故发生时间</td></tr>
<tr><td>事故报告人</td><td></td><td></td><td></td><td>责任人</td><td></td></tr>
<tr><td>停机时间</td><td></td><td>修理人名单</td><td></td><td></td><td></td></tr>
<tr><td>事故经过
及损坏
情况</td><td colspan="5"></td></tr>
</table>

续表

事故原因分析						
事故原因	违章作业	点巡检不到位	检修质量不良	安装质量	设备先天不足	其他
事故预防措施						
处理意见	车间意见		设备科意见		主管厂长意见	

报告日期：

4. 处理方法

在电缆故障点处切断，逐个核相对接，做一个电缆中间接头。如果电缆损伤长度较多，则锯掉损伤部分，用同型号电缆对接做两个中间头。尤其低压电缆零线不能接错，并用接缩式或冷缩式绝缘材料，将导体接头及接头附近包裹好，做到绝缘防水，绝缘试验合格后，在电缆接头外套上防护管，再用沙子掩埋、盖砖，然后再填土修复路面。在电缆上方的路面嵌入电缆标志，防止电缆再次受到外力损伤，低压电缆施工如图 4-1-4 所示，低压电缆接头如图 4-1-5 所示。

图 4-1-4　低压电缆施工

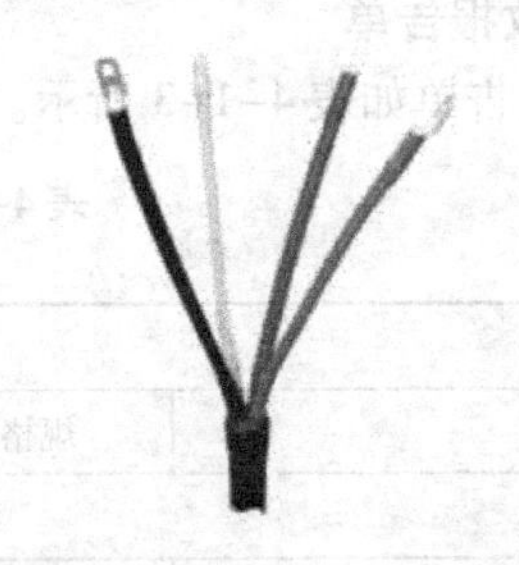

图 4-1-5　低压电缆接头

5. 维修后检测运行

检测电压电流正常，无跳闸等现象，恢复商业正常用电，并做好相应记录。

工作评价

相关工作评价如表 4-1-4 所示。

表 4–1–4 工作评价

考核点	考核方式	评价标准			
		优	良	中	及格
电缆的故障原因分析能力（25%）	教师评价 + 自评	根据故障现场情况，观察现象；能迅速完成故障的初步分析	通过观察故障现场的情况，能完成故障的初步分析	在教师的分析指导下，能自己完成故障的初步分析	在教师帮助和指导下完成故障的初步分析
电缆的故障点检测能力（25%）	教师评价 + 互评 + 自评	根据故障原因，熟练使用各种仪表进行检测，准确查找到故障点	根据故障原因，较熟练使用各种仪表进行检测，查找到故障点	根据故障原因，能使用各种仪表检测到故障点	必须在教师指导下才能使用各种仪表进行检测
电缆的故障点处理能力（30%）	教师评价 + 自评 + 互评	工具使用熟练；故障点处理操作方法正确；工艺优良；有较强的安全意识	工具使用合理；操作方法正确；工艺优良；能基本完成故障点的处理	工具使用基本正确；故障点已处理，没有安全隐患问题	工具能使用；故障点处理有安全隐患
维修记录填写能力（10%）	教师评价 + 互评	故障现象、故障时间记录准确清晰；原因分析记录清晰；故障点处理方法、维修运行监测记录详细	故障现象、故障时间记录准确、原因分析记录清晰、简单记录故障点处理方法	记录故障现象、故障时间；简单记录故障点处理方法	能记录故障现象、故障时间；粗略记录故障点的处理方法
综合表现（10%）	教师评价 + 自评	积极参与；独立操作意识强；按时完成任务；愿意帮助同学；服从指导教师的安排	主动参与；有独立操作意识；在教师的指导下完成任务；服从指导教师的安排	能够参与；在教师指导下完成任务；服从指导教师的安排	能够参与；在教师的督促及帮助下完成任务；能服从指导教师的安排

简短评语：

____。

1. 常见低压电缆故障

低压电缆绝缘要求较低，同时运行过程中电流较大，出现故障后有明显的特征。具体归类如下：

第一类故障：整条电缆被烧断或某一相被烧断，此类故障造成配电柜上的电流继电器动作，电缆在故障处损坏相当严重。

第二类故障：电缆各相都短路，同样，此类故障造成配电柜上的电流继电器和电压继电器都动作，电缆在故障点损坏也很严重（可能是受外力引起的）。

第三类故障：电缆只有一相断路，电流继电器动作，故障点损伤较轻但表露较明显。可能是该相电流太大或者是由电缆质量造成。

第四类故障：电缆内部短路，外表看不出痕迹，此类故障一般是由于电缆质量造成的，比较少见。

2. DW 型低压电缆故障检测方法

采用故障定位系统对于 DW 型低压电缆而言非常方便，把故障检测定位系统中的测距仪和定位仪结合起来使用，能够非常方便地完成电缆故障位置的测定。同时针对不同故障特征及电缆长度也可独立完成测试。具体方法如下：

对于第一类故障和第二类故障，如果电缆较短时（小于500 m）可直接使用故障定位仪进行故障定位，无须测距仪配合。只需手持接收机沿路径（路径可边走边测）走上一遍，即可确定故障点。

对于第三类故障，由于电缆在故障点处损坏较轻，发射机发出的信号在此泄漏较少，用定位仪故障定位时，指示范围较窄，这时可先用测距仪测出故障点的大概距离，再用定位仪定位也很方便。

第四类故障是目前所有电缆故障中最难测的一种故障，此时可用测距仪分别在电缆两头对电缆进行测试，再拿测试结果和实际长度相比较，就可将故障点确定在一个很小的范围内（1 ～ 3 m），此时将电缆挖开后再找出可疑点，或干脆将这一段电缆锯掉（因为低压电缆很便宜，绝缘要求低，接头好做），或用定位仪，在这一段范围采用音频定位，也可确定故障点。

任务二 处理高压电缆爆炸事件

伴随着企业现代化进程的不断改造、城市规模建设的不断扩大，为了提高空间的利用率，各种电力、通信电缆越来越多地运用到生产、生活的各个领域，并埋入地下或进入电缆沟敷设。随着工业生产中高压器件（如高压变频器、高压电动机等）的不断使用，高压电缆发生的故障几率也在逐渐增加。一旦高压电缆发生爆炸事故，对于企业生产和人民生活将产生重大影响。为了快速准确地查找故障点，尽快恢复供电，本任务将学习以下内容：

① 了解高压电缆发生故障的原因。

② 了解高压电缆故障的判断和检修办法。

③ 了解施工中怎样减小高压电缆发生的故障率。

工作描述

2010 年 1 月 29 日下午 2 时 30 分左右，北京某一建筑工地的施工现场，地下一条已被挖出的 10 kV 高压电缆发生爆炸，电缆爆炸的同时，旁边的电缆分支箱也起火冒出浓烟和火苗，闻讯赶到的消防人员通知供电部门断电后，将火险排除。此次事故造成一名施工人员烧伤，北京路沿线大面积停电，停电户数超过两千户，初步估计，此次事故直接经济损失达数十万元。

知识链接

高压电缆是电力电缆的一种，是指用于传输 10 ～ 35 kV 之间的电力电缆，多应用于电力传输的主干道，如图 4-2-1 和图 4-2-2 所示。

图 4-2-1　单芯高压电缆

图 4-2-2　多芯高压电缆

高压电缆从内到外的组成部分包括导体、绝缘、内护层、填充料（铠装）、外绝缘，其结构如图 4-2-3 和图 4-2-4 所示。当然，铠装高压电缆主要用于地埋，可以抵抗地面上高强度的压迫，同时可防止其他外力损坏。

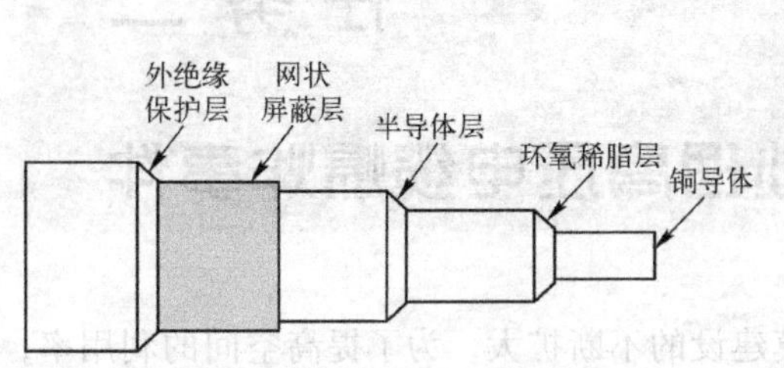

图 4-2-3　单芯高压电缆结构图

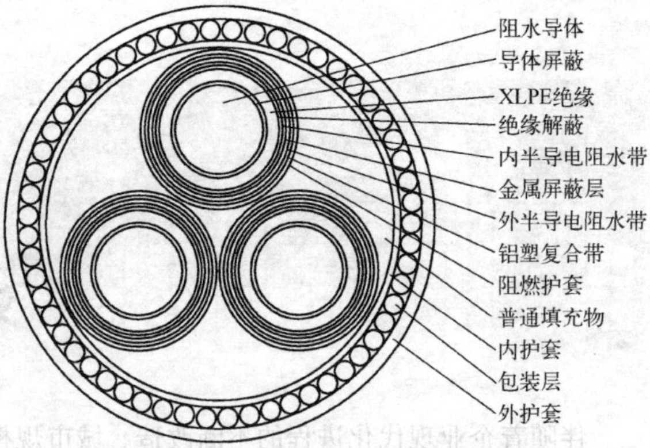

图 4-2-4　多芯高压电缆结构图

高压电缆适用于交流额定电压 35 kV 及以下供输配电能固定敷设线路用，电缆导体的最高长期工作温度 90℃，短路时（最长时间不超过 5 s），电缆导体最高温度不超过 250℃。

通常 1 kV 及以下为低压电缆，1 ～ 10 kV 为中压电缆，10 ～ 35 kV 为高压电缆，35 ～ 220 kV 为特高压电缆。

特高压电缆是随着电缆技术的不断发展而出现的一种电力电缆，特高压电缆一般作为大型输电系统中的中枢纽带，属于技术含量较高的一种高压电缆，主要用于远距离的电力传输。

高压电缆是供电设备与用电设备之间的桥梁，起传输电能的作用，应用广泛，因此故障也经常发生，高压电缆常见问题产生的原因分析如表 4-2-1 所示。

表 4-2-1　高压电缆故障分析表

故障原因	具体分类	具体内容
厂家制造原因	电缆本体制造原因	电缆生产过程中容易出现的问题有绝缘偏心、绝缘屏蔽厚度不均匀、绝缘内有杂质、内外屏蔽有突起、交联度不均匀、电缆受潮、电缆金属护套密封不良等，有些情况比较严重，可能在竣工试验中或投运后不久出现故障，大部分在电缆系统中以缺陷形式存在，对电缆长期安全运行造成严重隐患
	电缆接头制造原因	高压电缆接头采用绕包型、模铸型、模塑型制作，因为现场条件的限制和制作工艺的原因，绝缘带层间不可避免地会有气隙和杂质，所以容易发生问题。因此，现在国内普遍采用的型式是组装型和预制型
	电缆接地系统	主要是因为箱体密封不好进水导致多点接地，引起金属护层感应电流过大。另外，护层保护器参数选取不合理或质量不好氧化锌晶体不稳定也容易引发护层保护器损坏
施工质量原因	现场条件比较差	电缆和接头在工厂制造时环境和工艺要求都很高，而施工现场温度、湿度、灰尘都不好控制
	施工工艺差	电缆施工过程中在绝缘表面难免会留下细小的滑痕，半导电颗粒和砂布上的沙粒也有可能嵌入绝缘中，另外接头施工过程中由于绝缘暴露在空气中，绝缘中也会吸入水分，这些都给长期安全运行留下隐患
		安装时没有严格按照工艺施工或工艺规定没有考虑到可能出现的问题
	竣工验收不规范	竣工验收采用直流耐压试验造成接头内形成反电场导致绝缘破坏
	密封不严	因密封处理不善导致

续表

故障原因	具体分类	具体内容
设计原因	电缆受热膨胀导致的电缆挤伤导致击穿	交联电缆负荷高时，线芯温度升高，电缆受热膨胀，在隧道内转弯处电缆顶在支架立面上，长期大负荷运行电缆蠕动力量很大，导致支架立面压破电缆外护套、金属护套，挤入电缆绝缘层导致电缆击穿

制订工作方案

1. 查找事故原因

主要从高压电缆产生故障的4个方面进行分析查询。

2. 制订工作方案

① 了解发生高压电缆爆炸故障的原因。

② 查找故障电缆的故障段和故障点。

③ 填写事故报告单。

④ 高压电缆故障段和故障点的维修。

⑤ 维修后的检测、运行。

实施工作方案

1. 高压电缆故障原因分析

主要有厂家制造原因、施工质量原因、外力破坏和设计单位设计原因等几种。

根据检修人员从现场电缆爆炸的情况仔细检查和测试，电缆其他部位一切正常，只有爆炸处断为两截电缆，由此看来，是由建筑工地施工工人的操作失误，造成高压电缆出现机械外伤，从而使线路受损后发生短路引起的，属于施工过程不当而引起的机械外伤短路爆炸事故。

2. 查找故障点

本任务中的故障点就在爆炸现场，如图4-2-5和图4-2-6所示，因而查找相对容易。

图4-2-5　高压电缆事故点

图4-2-6　高压电缆事故点

3. 填写事故报告单

事故报告单如表4-2-2所示。

表 4-2-2　设备事故报告单

车间名称：

事故分析人						
设备名称		规格型号		使用位置		
事故发生时间						
事故报告人				责任人		
停机时间		修理人名单				
事故经过及损坏情况						
事故原因分析						
事故原因	违章作业	点巡检不到位	检修质量不良	安装质量	设备先天不足	其他
事故预防措施						
处理意见	车间意见		设备科意见		主管厂长意见	

报告日期：

4. 处理方法

① 将待接头的两段电缆自断口处交叠，交叠长度为 200 ～ 300 mm；量取交叠长度的中心线并作记号，同时将黑色填充保留后翻，不要割断，如图 4-2-7 所示。

② 将热缩套件中一长一短两根直径最大的黑色塑料管分别套入两段电缆，然后处理线芯，如图 4-2-8 所示。

图 4-2-7　高压电缆段子剥线

图 4-2-8　高压电缆端子处理

③ 清洁半导层：用附带的清洗剂清洁芯线（注意整个过程操作者要保持手的干净）；包缠应力疏散胶并套入应力控制管。

④ 烘烤应力控制管。

⑤ 在长端尾部套入屏蔽铜网。

⑥ 在长端依次套入绝缘材料，短端套入内半导电管。（长端依次套入内层红色内绝缘管、中间红色外绝缘管、外层黑色外半导电管、在短端套入黑色内半导电管）。

⑦ 压接芯线，注意压接质量。

⑧ 打磨压接头，打磨为了消除尖端放电，如图 4–2–9 所示。

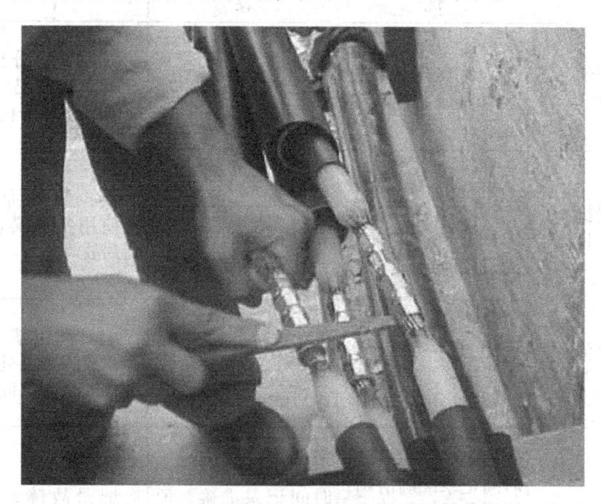

图 4–2–9　高压电缆端子压接后处理

⑨ 在接头上包绕黑色半导电带，在铅笔头上用应力胶填充。在接头上包绕的黑色半导电带，使包缠后接头处外径与主绝缘大小一致；在铅笔头上用红色应力胶填充，将铅笔头填瞒。

⑩ 烘烤内半导电管。将短端已经套入的黑色内半导电管移至接头上烘烤收缩，用配套清洁剂清洁整个芯线的绝缘层（白）和半导电管（黑）及应力管（黑）。

⑪ 烘烤内绝缘。将套入长端最内层的红色内绝缘管移至接头上，在该管两管口部位包绕热熔胶，然后从中间向两端加热收缩。

⑫ 烘烤外绝缘管。将套入长端第二层的红色外绝缘管移至接头上，在该管两管口部位包绕热熔胶，然后从中间向两端加热收缩，完成后在两端包绕高压防水胶布密封。

⑬ 烘烤外半导电层。将套入长端最外层的黑色外半导电层移至接头上，在该管两管口部位包绕热熔胶，然后从中间向两端加热收缩。

⑭ 各相分别套入铜网屏蔽。将套入长端同屏蔽网移至接头上，用手将屏蔽网在各相上整平，同时注意将铜网两端压在电缆原来的屏蔽层上，用锡焊焊接。

⑮ 绑扎，整形。将原来切割电缆时翻起的填充物重新翻回，然后用白纱带将三相芯线绑扎在一起，有条件可在白纱带外再包绕一层高压热缩带，增加密封绝缘度，无条件不包也可。

⑯ 焊接地线。用附带的编织铜线将接头两端的保护钢铠联结（焊接）起来。

⑰ 烘烤外护层。将一端电缆中早已套入的长外护套管移到超过压接管位置时开始热缩。

⑱ 烘烤外护层 2。将另一端电缆中早已套入的短外护套管移到超过压接管位置，套住先收缩的长外护套管 100 mm 时开始热缩。

5. 维修后检测、运行

检测电压电流正常，恢复正常用电，最后做好相应记录。

工作评价

相关工作评价如表 4-2-3 所示。

表 4-2-3 工作评价

考核点	考核方式	评价标准			
		优	良	中	及格
电缆的故障原因分析能力（25%）	教师评价＋自评	根据故障现场情况，观察现象；能迅速完成故障的初步分析	通过观察故障现场的情况，能完成故障的初步分析	在教师的分析指导下，能自己完成故障的初步分析	在教师帮助和指导下完成故障的初步分析
电缆的故障点检测能力（25%）	教师评价＋互评＋自评	根据故障原因，熟练使用各种仪表进行检测，准确查找到故障点	根据故障原因，较熟练使用各种仪表进行检测，查找到故障点	根据故障原因，能使用各种仪表检测到故障点	必须在教师指导下才能使用各种仪表进行检测
电缆的故障点处理能力（30%）	教师评价＋自评＋互评	工具使用熟练；故障点处理操作方法正确；工艺优良；有较强的安全意识	工具使用合理；操作方法正确；工艺优良；能基本完成故障点的处理	工具使用基本正确；故障点已处理，没有安全隐患问题	工具能使用；故障点处理有安全隐患
维修记录填写能力（10%）	教师评价＋互评	故障现象、故障时间记录准确清晰；原因分析记录清晰；故障点处理方法、维修运行监测记录详细	故障现象、故障时间记录准确、原因分析记录清晰、简单记录故障点处理方法	记录故障现象、故障时间；简单记录故障点处理方法	能记录故障现象、故障时间；粗略记录故障点的处理方法
综合表现（10%）	教师评价＋自评	积极参与；独立操作意识强；按时完成任务；愿意帮助同学；服从指导教师的安排	主动参与；有独立操作意识；在教师的指导下完成任务；服从指导教师的安排	能够参与；在教师指导下完成任务；服从指导教师的安排	能够参与；在教师的督促及帮助下完成任务；能服从指导教师的安排

简短评语：____。

知识拓展

高压电缆安装注意事项：

① 电缆与其他管道平行或交叉安装时均要保持 0.5 m 的距离。

② 电缆与热力管道平行安装时应保持 2 m 的距离，交叉时应保持 0.5 m 的距离。

③ 电缆直埋安装时，1 ～ 35 kV 电缆直埋深度应不小于 0.7 m。

④ 10 kV 及以下电缆平行安装时相互净距不小于 0.1 m，10 ～ 35 kV 不小于 0.25 m，交叉时距离不小于 0.5 m。

⑤ 电缆的最小弯曲半径，多芯电缆不得低于 15D，单芯电缆不得低于 20D（D 为电缆外径）。

⑥ 6 kV 及以上电缆接头安装时的注意事项：

a. 安装电缆终端头时，必须剥除半导电屏蔽层，操作时不得损伤绝缘，应避免刀痕及凹凸不平的情况，必要时要用砂纸磨平；屏蔽端部应平整，并把石墨层（碳粒）清除干净。

b. 塑料绝缘电缆端头铜屏蔽和钢铠必须良好接地，对短线路也应遵循这项原则，避免三相不平衡运行时钢铠端部产生感应电动势，甚至“打火”及燃烧护套等事故。接地引出线要采用镀锡编织铜线，和电缆铜带连接时应用烙铁锡焊，不宜用喷灯封焊，以免烧损绝缘。

c. 三相铜屏蔽应分别与地线相连，注意屏蔽接地线和钢铠接地线应分别引出，相互绝缘，焊接地线的位置应尽量靠下。

⑦ 对电缆终头和中间接头的基本要求：

a. 导体连接良好。

b. 绝缘可靠，推荐采用辐照交联热收缩型硅橡胶绝缘材料。

c. 密封良好。

d. 足够的机械强度，能适应各种运行条件。

⑧ 电缆端头必须防水以及其他腐蚀性材料的侵蚀，以防引起绝缘层老化而导致击穿。

⑨ 电缆的装卸必须使用吊车或叉车，禁止平运、平放，大型电缆安装时须使用放缆车，以免电缆受外力损伤或因人工拖动而擦伤绝缘层。

⑩ 电缆如因故不能及时敷设时，应将其放在干燥地方贮存，防止日光曝晒，电缆端头进水等。

⑪ 锯断旧电缆时，必须停电、放电、验电，然后将电缆芯接地，并办理工作许可手续。四芯电缆的零线芯要拆开，锯断以前必须与电缆图纸对照；检查是否确实相符，有条件时应使用探测器验证，然后用接地带木柄的铁钎或者使用带接地线的钢锯钉入电缆芯后方可工作。使用铁锯和铁钎的工作人员，应戴绝缘手套并站在绝缘垫上。接地线用截面积为 10 mm^2 以上的铜线，接地极可用圆钢打入地面 0.6 m 以下。

任务三

处理高炉 TRT 发电高压柜放炮起火事件

高炉煤气余压透平发电装置（即 TRT），作为我国节能减排以及 CDM 倡导的环保产品，节能环保、无公害发电，效益极高，是现代国际、国内钢铁企业公认的节能环保装置，被广泛用于 1 000 m^3 以上的高炉。TRT 发电系统额定输出电压 10.5 kV，属于高压电路，电路容易出现故障。本任务通过处理高炉 TRT 发电高压柜放炮起火事件，进一步学习以下内容：

① 了解高炉煤气余压透平发电原理。

② 正确处理高炉 TRT 发电高压柜放炮起火事故。

③ 正确维护 TRT 电气系统。

工作描述

××钢厂四号高炉 TRT 发电高压柜放炮起火，故障现场如图 4-3-1 所示。值班电工到达现场后，首先用用灭火器扑灭后，检查发现高压柜内过电压保护器击穿，致使高压放电引发火灾，高炉 TRT 无法发电。

图 4-3-1　高炉 TRT 发电高压柜故障现场

知识链接

1. TRT

TRT（Top Pressure Recovery Turbine Unit，炉顶压回收透平装置）即高炉煤气余压透平发电装置，是国际公认的对钢铁企业很有价值的二次能源回收装置。它利用高炉炉顶煤气所具有的压力能和热能，通过透平机膨胀做功转化为机械能，从而驱动发电机发电。这种发电方式既不消耗任何燃料，也不产生环境污染，发电成本极低，是高炉冶炼工序的重大节能项目，经济效益十分显著，如图 4-3-2 所示。

图 4-3-2　TRT 发电装置

2. TRT 的工作原理

TRT 的工作原理比较简单，在减压阀组前把高压的高炉煤气引出，经过 TRT 入口的大型阀门进入透平入口，通过导流器使气体转成轴向进入静叶，气体在静叶和动叶组成的流道中不断膨胀做功，压力和温度逐级降低，并转化为动能使转子旋转，转子通过联轴器带动发电机一起转动而发电。做功后的气体经过扩压器进行扩压，以提高其背压达到一定值，然后经排气涡壳流出透平，经过填料脱水器后进入煤气管网。TRT 高炉煤气余压透平发电装置系统如图 4-3-3 所示。

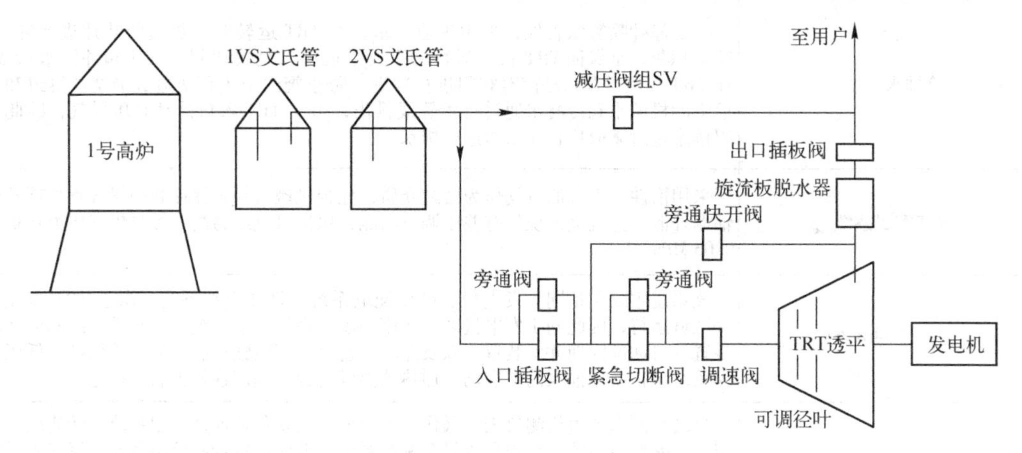

图 4-3-3　高炉煤气余压透平发电装置系统图

10.5 kV 或 6.3 kV 系统母线的电能由发电机经断路器引入，再经厂变电所与电网相连，当 TRT 运行时，发电机向电网送电，当高炉短期休风时，发电机作电动运行。

3. TRT 的组成

TRT 一般由八大系统组成，如表 4-3-1 所示。

表 4-3-1　TRT 组成系统

组成部分	功能描述
透平主机	TRT 的主要部分，用来完成压力能向动能的转化，同时通过静叶的调节功能来保证高炉炉顶压力的稳定

续表

组成部分	功能描述
大型阀门系统	主要有入口蝶阀、入口插板阀、调速阀、快切阀、旁通快开阀、出口蝶阀和出口插板阀 插板阀用于对煤气的完全切断，给机组创造检修和安全条件；入口蝶阀可以适当地调节进入TRT的煤气量，同时可以作为敞开式插板阀开关时的辅助阀门；出口蝶阀一般在出口插板阀为敞开式时才配置；调速阀用于机组启动过程中的转速调节和机组并网后的功率调节；快切阀能够在机组出现重故障时，在0.5～1 s时间快速关闭，切断TRT的煤气来源，保证机组安全停机；旁通快开阀当TRT机组重故障停机快切阀快速关闭时，能够快速打开到一定角度，使高炉煤气有出路，保证高炉炉顶压力不产生大的波动，并且可以作为TRT与减压阀组顶压调节转换时的过渡手段，具有一定的顶压调节功能
润滑油系统	润滑油系统保证机组安全可靠地运行，给各轴承润滑点及时提供一定的稀油循环润滑，以满足机组在正常工况下及事故状态下的润滑油供给。该系统主要包括润滑油站、滤油器、冷油器、高位油箱、油泵、阀门和检测仪表等，油泵和油站能够提供一定压力、一定流量、温度正常、清洁的润滑油，高位油箱是在停电等紧急事故状态下，靠自然位差维持机组停机时的润滑油供给
电液伺服控制系统	该系统主要由液控单元、伺服油缸、动力油站三部分组成。液控单元包括调速阀控制单元、静叶控制单元、快开阀控制单元；伺服油缸为双活塞杆结构；动力油站由油箱、恒压变量油泵、滤油器、冷油器、阀门和检测仪表等组成。这一系统控制着调速阀、静叶和旁通快开阀的开关和调节性能，直接影响机组的转速稳定、机组正常运行和停机时的顶压稳定
给排水系统	一是静叶喷雾水管线，采用工业新水，在TRT运转时对机组的叶片进行冲洗，防止积灰，是保证TRT长期运行的重要手段；二是快切阀、调速阀冲洗水管线，在TRT停机后及启动前对阀门进行冲洗，防止阀门由于积灰造成卡塞。机组和管道中的机械水和冷凝水通过排水管线排出，由于TRT入口前是高压煤气，因此采用排水密封罐取代普通水槽进行排水
氮气密封系统	采用惰性、无毒的氮气作为密封介质，配合机械密封来保证高炉煤气不从旋转的轴端外泄，并且该系统具有差压调节功能，保证氮气压力高于被封煤气压力0.02～0.03 MPa
高低压发配电系统	该系统主要包括同步发电机、高压配电系统、低压电控系统。由于TRT是在煤气区域运行，因此同步发电机采用无刷励磁；高压配电系统设置有手动准同期并网装置、自动准同期并网装置，以及差动、复合电压闭锁过流、失磁等保护；低压电控系统包括备用油泵的自启动、加热器温度连锁、阀门连锁控制等设施
自动控制系统	自动控制系统由检测仪表、操作站等组成，主要包括反馈控制系统、转速调节系统、功率调节系统、高炉顶压复合调节系统、电液位置伺服控制系统、氮气密封差压调节系统、顺序逻辑控制系统等。由这些系统对TRT机组进行启动、运行、过程检测控制，在保证高炉正常生产、顶压波动不超限的前提下，完成TRT的启动、升速、并网、升功率、顶压调节、正常停机、紧急停机、电动运行等操作

4. TRT系统使用与维护

① 启动前应检查油箱液位及各阀门是否在正确位置上。

② 当油温低于20℃时应将电加热器投入，待油温升到20℃时方可启动油泵，油温升至25℃停电加热器，油温升至45℃时投入冷却水。

③ 油箱液位每星期检查一次。当下降100 mm时应补充新油。

④ 蓄能器充氮压力的检查

在开始工作的最初一个月，每星期检查一次，以后每个月检查一次。当蓄能器充氮压力下降至6.1 MPa时，需补充氮气。

⑤ 每月应对油质和含水量进行一次检查，出现以下任意一种情况时，应换新油：

a. 闪点降低10。

b. 酸值增加0.5。

⑥ 每月打开油箱底部的排污阀，排掉沉淀在箱底的杂质与水分，待流出干净的油时关掉排污阀。当滤油器压差达0.35 MPa时，清洗滤油器壳体后，更换新滤芯。注意：检修各元件时，一定要泄压后处理。

⑦ 进出口电动插板阀维护保养：

a. 阀门3个月进行部位润滑：打开链轮罩，在滚子链与链轮处加涂钙基润滑油。

b. 定期检查阀板上的密封圈，若有损坏及时更换。

c. 在电动时，不要拨动“手动-电动”切换手柄，以免损坏内部机构。

⑧ 快切阀维护保养：

a. 每班至少一次使碟版游动一次，以检查快切阀是否处于待启动状态。

b. 每周至少一次在润滑脂进口处加入ZFG-2复合钙润滑脂，两端轴承处每3个月要检查更换一次润滑脂。

c. 油温应在20～50℃，过滤精度10 μm。

⑨ 旁通阀维护保养：

a. 正常工作前或更换液压油后应进行放气操作，使用备件高压软管，打开放气阀一点一点增加油压直到放完气泡为止。

b. 每周对各润滑点注油脂一次。

制订工作方案

1. 查找事故原因

高炉TRT高压柜放炮原因很多，可通过现场勘查、值班询问等形式查找。

2. 制订工作方案

① 分析造成高炉TRT高压柜放炮的故障原因。

② 清理故障现场，更换损坏器件。

③ 维修后的检测、运行。

④ 填写事故报告单。

实施工作方案

1. 查找事故原因

高压柜放炮有以下5个原因：

① 隔离开关触点、手车动静触点虚接发热燃弧放炮事故。

② 高压真空泡击穿，真空灭弧室漏气报接地故障。

③ 高压手车机械故障、断路器合不上闸分不断、机械结构老化磨损造成无法合闸成功故障、电缆故障，如电缆接地、电缆头放炮等。

④ 高压柜绝缘击穿放炮、阻容吸收装置设备易损坏。

⑤ 小动物钻入。

经维修人员现场检查，没有发现动物尸体，也排除了隔离开关接触不良、高压手车和高压真空泡的问题，重点集中在高压柜绝缘击穿上。通过使用仪表检测，发现电流互感器、绝缘子、断路器均已损坏，由此确定为高压柜绝缘击穿放炮所致。

2. 清理故障现场、更换损坏器件

① 检查配电间防潮、防尘情况。

② 所有金属器件应防锈蚀（涂上清漆或色漆），运动部件应注意润滑，检查螺钉是否松动，积灰需及时清除。

③ 观察各元件的状态，是否有过热变色，发出响声，接触不良等现象。

④ 检查真空断路器，进行工频耐压，可间接检查真空度；检查玻璃泡灭弧室，应观察其内部金属表面有无发乌，有无辉光放电等现象。

⑤ 检查隔离开关，注意刀片、触点有无扭歪，合闸时是否合闸到位和接触良好；分闸时断口距离是否≥150 mm；支持及推杆瓷瓶有否开裂或胶装件松动；其操作机构与断路器的连锁装置是否正常、可靠。

⑥ 检查手车隔离，插头咬合面应涂敷防护剂（导电膏、凡士林等）；注意插头有无明显的偏摆变形；检修时应注意插头咬合面有无熔焊现象。

⑦ 对于电流互感器，注意接头有无过热，有无响声和异味；绝缘部分有无开裂或放电；引线螺钉有无松动，决不能出现开路情况，以免产生感应高压，对操作人员及设备安全造成损害。

⑧ 检查开关柜有无产生凝露现象而影响设备的外绝缘。

⑨ 经检查发现，真空断路器、电流互感器、绝缘子损坏，并判定事故原因是柜内潮湿结露，加上灰尘积厚，引发设备绝缘下降，而产生高压放炮现象。经过6个多小时的抢修，更换了断路器、电流互感器、绝缘子，修复了控制线路。

3. 维修后的检测、运行

检测各项电气指标正常，无跳闸、放炮等现象，试车恢复生产。

4. 填写事故报告单

事故报告单如表4-3-2所示。

表4-3-2　设备事故报告单

车间名称：

事故分析人					
设备名称		规格型号		使用位置	
事故发生时间					
事故报告人				责任人	
停机时间		修理人名单			
事故经过及损坏情况					

续表

事故原因分析						
事故原因	违章作业	点巡检不到位	检修质量不良	安装质量	设备先天不足	其他
事故预防措施						
处理意见	车间意见		设备科意见		主管厂长意见	

工作评价

相关工作评价如表4-3-3所示。

表4-3-3 工作评价

考核点	考核方式	评价标准			
		优	良	中	及格
高压柜故障原因分析能力（25%）	教师评价+自评	根据故障现场情况，观察现象；能迅速完成故障的初步分析	通过观察故障现场的情况，能完成故障的初步分析	在教师的分析指导下，能自己完成故障的初步分析	在教师帮助和指导下完成故障的初步分析
高压柜故障点检测能力（25%）	教师评价+互评+自评	根据故障原因，熟练使用各种仪表进行检测，准确查找到故障点	根据故障原因，较熟练使用各种仪表进行检测，查找到故障点	根据故障原因，能使用各种仪表检测到故障点	必须在教师指导下才能使用各种仪表进行检测
高压柜故障点处理能力（30%）	教师评价+自评+互评	工具使用熟练；故障点处理操作方法正确；工艺优良；有较强的安全意识	工具使用合理；操作方法正确；工艺优良；能基本完成故障点的处理	工具使用基本正确；故障点已处理，没有安全隐患问题	工具能使用；故障点处理有安全隐患
事故报告单填写能力（10%）	教师评价+互评	故障现象、故障时间记录准确清晰；原因分析记录清晰；故障点处理方法、维修运行监测记录详细	故障现象、故障时间记录准确、原因分析记录清晰、简单记录故障点处理方法	记录故障现象、故障时间；简单记录故障点处理方法	能记录故障现象、故障时间；粗略记录故障点处理方法
综合表现（10%）	教师评价+自评	积极参与；独立操作意识强；按时完成任务；愿意帮助同学；服从指导教师的安排	主动参与；有独立操作意识；在教师的指导下完成任务；服从指导教师的安排	能够参与；在教师指导下完成任务；服从指导教师的安排	能够参与；在教师的督促及帮助下完成任务；能服从指导教师的安排

简短评语：____。

知识拓展

1. TRT启动前检查与准备

① 值班长接到机组启动命令后，应通知各岗位及相关人员做好启动前的准备工作。

② 工业水、消防水、生活水系统已正常投运。

③ 备好启动用工具、仪表，各种记录图表。

④ 确认所有影响机组启动的检修工作结束，工作票已全部收回。

⑤ 确认所有已结束的检修工作各项安全措施及临时设施全部拆除，各系统无影响机组启动的缺陷。各系统、设备的人孔门、观察孔及防爆门等完好，确认内部无人、无遗留物后应关闭严密。

⑥ 检查各设备、管道保温良好，各转机转动部分保护罩壳完好。

⑦ 检查全部设备周围应清洁无杂物，道路畅通，照明良好。各平台、扶梯、栏杆、孔盖完整牢固。

⑧ 恢复已具备送电条件的各段母线至正常运行，恢复机组已具备送电条件的各系统设备的信号电源、控制电源、动力电源。

⑨ 发电机大、小修后各项电气试验合格，试验数据应有书面报告并且符合启动要求。

⑩ 发电机检修后或较长时间备用后启动前应测量发电机各部分的绝缘电阻，其值与上次测定值比较应无显著降低，且不低于如下规定值（40℃）：

a. 定子绕组（包括出口离相封闭母线）：20.0 MΩ/1 000 V。

b. 转子绕组（包括励磁回路）：1.5 MΩ/1 000 V。

c. 励磁机转子和定子绕组：1.0 MΩ/1 000 V。

d. 测温元件：1.08MΩ/250 V。

⑪ 发电机所有保护自动装置完好，外围设备无异常状况。站用变压器均已具备启动条件，无异常状况。

⑫ 投入所有热工监视仪表并确认其完好可用。

⑬ 检查各系统电动阀门动作正常，且手动、电动阀门状态正确。

⑭ 启动发电冷却水系统，向冷却器通水，并确保压力流量正常。

⑮ 确认杂用、仪用气压力正常，各压缩空气管路畅通。

⑯ 检查各系统气动执行机构气源已送，动作正常，各气动阀状态正确。

⑰ 检查高炉煤气及其他系统的安全门完好，排汽管畅通且装设牢固。

⑱ 确认煤气快速切断阀动作可靠。

⑲ 确认与1000 m^3高炉主控室通信完好。

⑳ 润滑油系统检查：

a. 检查透平油油质、油温、油位符合使用标准，油箱放水，关油箱排污阀，油温不低于25℃。

b. 辅助油泵的进口阀泵、出口阀在开启位置。

c. 检查下列阀门状态：润滑油调节系统：自动调节阀投入，前后阀门在打开状态，旁通阀在关闭状态。

d. 冷油器出入口油阀门在开启位置。

e. 排泄阀均关闭，油系统管道无泄漏。

f. 开启排油雾电动机。

g. 开启辅助油泵。

● 在油管路系统充油的同时检查所有法兰、接头丝扣、焊口是否有泄漏处。

● 打开高位油箱进油旁路阀上油，从窥视镜看到油流时立即关闭旁路阀。

● 检查润滑油压力和阀后压力调节阀控制油压力正常稳定。

● 检布机组各轴承，在回油管的窥视窗观察油流正常，远点油压不低于0.15 MPa。

㉑ 动力油系统检查及连锁试验。

a. 透平机组正常运行时，打开试验针阀，辅助油泵自启；关闭试验针阀，手动或自动停辅助油泵。

b. 试验完毕，作好记录，恢复系统正常运行状态。

c. 动力油系统检查。

d. 检查透平油油质、油温、油位符合使用标准，油箱放水，关油箱排污阀，将油加热器投入自动控制。

e. 打开主动力油泵和备用油泵的进出口阀。

f. 打开动力油蓄能器的进口阀，关闭泄压阀，将两台蓄能器投入运行，第三台在备用状态。

g. 检查蓄能器内的压力正常（不低于9.1 MPa）。

h. 投入一台油过滤器，油过滤器入口阀门在开启位置。

i. 检查并投入所有动力油系统的压力表，关闭试验油压力阀门。

j. 启动主动力油泵，检查油压力为12.5 MPa并投入PLC连锁，检查油管路系统无泄漏。

k. 试验：通知电工测量电动机绝缘合格后送电，通知值班人员配合做动力油系统实验。启动一台动力油泵作为主泵运行，检查振动正常，油压>12 MPa。

㉒ 检查“启动画面”内启动条件及启动过程执行完毕后，作动力油泵连锁试验：

a. 缓慢打开动力油泄压开关，使油压逐渐降至11 MPa时，备用泵应自启。

b. 用同样的方法作另一台油泵的自启试验，实验正常后作好记录，选择一台泵运行。

㉓ 动力油压低跳闸试验：

a. 检查“启动画面”内启动条件及启动过程执行情况。

b. 加静叶至50%。

c. 缓慢打开蓄能器泄油阀，使油压逐渐降至9 MPa时，快切阀关闭，机组跳闸，静叶在储能器的作用下全关。

d. 试验完毕，系统恢复正常运行状态。

㉔ 氮气系统检查：

a. 将氮气入口总阀打开。

b. 调节氮气气动薄膜凋节阀，调节压力高于透平出口被封煤气压力20～30 kPa。

c. 检查各法兰无泄漏。

d. 进行透平投运前的氮气吹扫工作，检验机内、管道内含氧量小于1%。

㉕ 润滑油系统、动力油系统、快切阀油站，氮气系统，循环水系统连续运转1小时。

㉖ 确认仪表系统正常，声光报警及显示系统灯标齐备准确，微机监视器正常。

㉗ 阀门系统的检查与试验：

a. 快切阀游动（保证快切阀处于待动状态）试验。

● 打开并确认快切阀处于全开位置。

● 操作快切阀微机画面上或现场操作箱上的游动试验按钮，专人在快切阀机旁观察，确认快切阀游动正常。

b. 静叶动作试验：

● 在微机监视器的启动画面中调试画面，将静叶手操器投手动，按"→"或"←"键，并派人到现场观察静叶是否动作灵活，检查反馈值、输出值及实际值动作一致。

● 全开静叶、全关静叶操作，检查反馈值（静叶角度在0°～100°之间，动作平稳正常）、输出值及实际值动作一致，确认正常。

● 静叶全开后点"关闭"静叶开关，试验正常后全关静叶，静叶退出试验。

㉘ 确认入口电动碟阀、入口插板阀、快开阀、快切阀，出口插板阀、出口电动碟阀全关，依次打开出口插板阀、入口插板阀、出口电动蝶阀。

㉙ 润滑油压正常时启动盘车（搬下手柄，合上盘下齿轮后，按下启动按钮），运转半小时以上，并检查各机械部分是否正常。

㉚ 主机油系统（包括润滑油净化装置、润滑油系统、高压油系统）、密封油系统投入运行。

㉛ 确认润滑油系统、高压油系统、氮气密封系统运行正常后，在现场启动盘车装置、主机盘车，当超15 r/min时，行程开关动作，自动停电动机。

㉜ 确认转子偏心度小于0.075 mm。

㉝ 发电机由检修转冷备用，具体操作如下：

a. 查与TRT机组有关的工作票都已终结，安全措施已拆除，并有检修书面报告。

b. 查发电机组本体各处完好，无杂物。

c. 查发电机出口PT柜内无杂物，前后仓门已关好。

d. 查发电机小室柜内无杂物，仓门已关好。

e. 查10 kV设备运行正常。

f. 查接地刀闸三相确在断开位置。

g. 查4AH母线PT柜PT小车确在工作位置，二次保险确已插上。

h. 查1AH柜发电机出线电压互感器PT小车确在工作位置，二次保险确已插上。

i. 查2AH柜发电机出线电压互感器PT小车确在工作位置，二次保险确已插上。

j. 查保护屏各处完好，各盘内保险均已插上，压板投退正确。

k. 查发电机保护屏各处完好，各盘内保险均已插上，压板投退正确。

2. 正常运行系统参数

正常运行时，应保证系统各参数在正常值范围内，如表4-3-4所示。

表4-3-4　各参数的正常值与各元件和仪表的调整值

序　号	测　点	整　定　值	作　用
1	油站出口压力	12～12.5MPa	正常值
2	油箱内油温	45～50℃	正常值
3	油箱内液位	据箱顶100 mm	正常值

续表

序　号	测　点	整　定　值	作　　用
4	蓄能器充氮压力	6.4 MPa	正常值
5	油泵工作压力	12.5 MPa	正常值
6	油泵出口安全阀开启压力	14.5 MPa	保护泵
7	蓄能器安全阀开启压力	15.0 MPa	保护蓄能器
8	系统动作压力	11 MPa	启备用泵
9	系统动作压力	9 MPa	发停机信号
10	滤油器差压发寻装置动作差压	0.35 MPa	切滤油器
11	系统动作温度	20℃开，25℃关	控制电加热器
12	系统动作温度	55℃	发报警信号
13	系统动作液位	距箱顶450 mm	发报警信号

参 考 文 献

[1] 朱鹏超．机械设备电气控制与维修［M］．北京：机械工业出版社，2001.
[2] 逄凌滨，李方刚．电气工程施工细节详解［M］．北京：机械工业出版社，2009.
[3] 王建．维修电工（初、中级）国家职业资格证书取证问答［M］．2 版．北京：机械工业出版社，2009.
[4] 白公，李树兵，贾连忠，等．电气工程及自动化专业技术技能入门与精通［M］．北京：机械工业出版社，2010.
[5] 李秋明，张卫．电气运行维检安全［M］．北京：机械工业出版社，2011.
[6] 张卫．常用电气设备的维修［M］．北京：机械工业出版社，2011.
[7] 潘玉山．电气设备安装工（高级、技师、高级技师）［M］．北京：机械工业出版社，2005.
[8] 向亚云．《冶金电气设备工程安装验收规范》与电气设备调整技术及故障监测、诊断、维护修理实用手册［M］．北京：中国冶金出版社，2007.